若狭湾沿岸地域総合講座叢書3

遺伝と教育を考える

日　時　　平成16年9月18日（土）14:00～17:15
会　場　　敦賀短期大学111教室

敦賀短期大学地域交流センター

開講のご挨拶

敦賀短期大学助教授

ふくなが　のぶよし
福永　信義

講師略歴
慶應義塾大学大学院博士課程単位取得退学
シェフィールド大学大学院修士課程修了

　皆様こんにちは。今回の講座の全体司会を勤めさせていただきます、敦賀短期大学の福永信義と申します。何分このような役は不慣れなものですから、いろいろ不手際や失礼な点があるかもしれませんけれどもご容赦ください。よろしくお願いいたします。また、本日は市内の小中学校で運動会が開催されておりまして、その他公共施設でもいろんな催し物があるというふうに伺っております。その中でこれだけ大勢の方にお集まりいただいて、心から感謝申し上げます。
　それでは講座開講に当たって、最初に3点だけご説明しておきたいと思います。まず第1点は、本日のスケジュールですけれども、最初にお2人の方にご講演いただいた後、パネルディスカッションということで、それぞれ1時間区切りということになっておりますが、これはあくまでも目安でして実際のところは多少前後すると思っていただいていいと思います。ただ、遅くとも午後5時には完全に終了するような形をとりたいと思います。また、長丁場ですので皆さんそれぞれご予定のある方もいらっしゃると思いますので、途中での御退席などもしていただいて構わないと思いますが、なるべく時間の許す限りお聞きいただければ幸いに存じます。

第2点目ですけれども、今回講演していただく方お2人と私との関係ということですけれども、実は大学の同門と言いますか、同じ専攻の先輩後輩の間柄でして非常に近しく、大学、大学院時代は共同研究もしましたし、遊びにも行きましたし、お酒も飲みました。いろいろそういう思い出もある仲間でございます。そんな関係で現在は我々皆教員をしておりますけれども、お互いを先生と呼ぶには違和感がありまして、私からご講演のお2人を呼ぶときは、安藤さん、柴原さんというふうに呼ばせてください。司会者が先生と呼ばずに「さん」付けで呼ぶというのは、皆さんからすると違和感があるかもしれませんが、その点ご容赦願いたいと思います。

　そして3点目は本質的なことですけれども、今回の「遺伝と教育を考える」というテーマは、私のほうで企画させていただきました。そして皆さんに、あるいは個人的にこういうテーマで講座を行うと広報させていただきましたが、テーマを言うとかなりの数の方に「えっ？」「はっ？」という怪訝な表情をされる方がたくさんいらっしゃいました。あたかも私が不思議なことを言ったかのような顔をされる方がいらっしゃったんですけれども、いったい遺伝と教育がどんなつながりがあるのかということは、今私が申し上げることではありません。ここからの安藤さん、柴原さんの講演の中で明らかになっていくことだと思っております。

　それでは以上3点を前置きとしまして、講演に先立ちまして、本学地域交流センターのセンター長である多仁照廣より一言ご挨拶を申し上げます。

講座開講に当たって

敦賀短期大学教授・地域交流センター長
多仁　照廣
（たに　てるひろ）

講師略歴
中央大学大学院文学研究科博士課程
国税庁税務大学校研究調査員

　こんにちは。私は福永先生のことをいつも福ちゃんと呼んでおります。一番イメージに合っていると思いますから、どうしても他の呼び方が出ないんですが、今日は挨拶ですのでちゃんと先生と呼ぶことにいたします。先ほども福永先生の方からもお話がありましたように、本日は小中学校が今日明日と運動会をされるそうで、地域でもいろんな催しがある中で皆さんも大変お忙しい中、私ども地域交流センターが主催いたします若狭湾沿岸地域総合講座、今回は「遺伝と教育を考える」をテーマとした講演会にお集まりいただきましてありがとうございます。まずもって御礼を申し上げます。
　この若狭湾沿岸地域総合講座では、すでに芭蕉の「おくの細道－逆走の旅－」というものをやっておりまして、今年も10月1日から3日間、奥州、出羽の国の方に3回目の旅をいたしますが、毎年1回こうした講演会も行ってきております。2002年度から始めたわけですが、2002年度には「若狭の海とクジラ」、これも「なぜクジラか」とよく言われましたけれども、敦賀の地名は「古事記」のイルカに由来するということで、クジラをテーマに実施しました。また、昨年の2003年度には「おくの細道－おおいなる道－」と題しまして、芭蕉の「奥の

細道」の終点で、とにかく敦賀の地で月を見たくて具合が悪いのをおして、ここまで来たわけです。それが今、世界中で俳句が広がっている。細道は決して細い道ではなく、大きな道になっているんだということをお示ししたいと思い開催いたしました。

　今年度は福永先生に企画をお願いしましたところ、「遺伝と教育」というテーマを設定していただきました。そして慶應義塾大学文学部教授の安藤寿康先生と、日本橋学館大学人文経営学部助教授の柴原宜幸先生をお招きいたしまして、今回の講演会を開くことができるようになりました。両先生には大変お忙しい中を東京から敦賀までおいでいただきまして、誠にありがとうございます。

　敦賀はご承知の通り、残念ながら福井県の中でも福井市、武生市、小浜市と比べましても、また近隣の滋賀県の長浜市と比べましても、さまざまな意味で巷でささやかれますように、教育の谷間と言われております。私ども敦賀短期大学では学科の教育研究活動のほかに、福永、龍谿両先生にお願いいたしまして、日常的にカウンセリング活動などを通じまして、地域の教育を支える活動を行ってきております。

　本日のテーマである「遺伝と教育」という問題、これはヒトゲノムが解明されまして、遺伝子研究が高度化しました現在、ともすれば運命論的な負のイメージで受け止められかねない遺伝の問題というものを、教育の面から改めて考える良い機会になることを望んでおります。今回の講座では遺伝を負の面から考えるのみではなく、素質や適性を前提にしながらそれぞれの人の能力や努力を育てる働きによって、1人ひとりを人間として大切に育てる、そういうことができるという希望を先生方のお話から汲み取っていきたいと期待をしております。1人ひとりを傷つけずに大切にするという教育のあり方は、本学の教育のよき伝統と心得ております。この本学の伝統を地域に広げることは、受験教育に偏し、また教育の谷間という地域に対する教育の評価というものを覆していくものになるのではないかという期待も込めております。

この講演会では安藤、柴原両先生のご講演に引き続きまして、福永先生にコーディネータをお願いしまして、本学の龍谿乗峰先生にもご参加いただいてパネルディスカッションも予定しております。会場の皆様と共に課題にさらに迫っていくような質疑応答も期待しております。
　3時間にわたる講演会ですので、お聞きいただく皆さんもさぞご負担かと思いますが、最後までぜひお聞きいただきたいと思います。簡単ではありますが、開講にあたり地域交流センター長としてご挨拶をさせていただきました。よろしくお願いいたします。

＊目次＊

開講のご挨拶　　　　　　　　　　　敦賀短期大学助教授
　　　　　　　　　　　　　　　　　　　福永　信義

講座開講に当たって　　　　　　　　敦賀短期大学教授
　　　　　　　　　　　　　　　　　地域交流センター長
　　　　　　　　　　　　　　　　　　　多仁　照廣

安　藤　寿　康
　「遺伝子にとって教育とは何か」……………………………………… p01

柴　原　宜　幸
　「3歳児神話再考」……………………………………………………… p35

パネルディスカッション ………………………………………………… p51

遺伝子にとって教育とは何か

慶應義塾大学文学部教授
安藤　寿康
（あんどう　じゅこう）

福永　それではさっそく講演に入りたいと思います。まず最初に安藤寿康さんを私のほうからご紹介させていただこうと思います。

　安藤さんは神奈川県鎌倉市のご出身です。慶應義塾大学大学院博士課程を修了なさいまして、その後慶應大学の方にお勤めでいらっしゃいます。現在は慶應義塾大学文学部の教授でいらっしゃいます。その他、東京大学、京都大学、早稲田大学等で非常勤講師を勤めていらっしゃいます。行動遺伝学や教育心理学の分野では、おそらく日本のトップを走ってらっしゃる方のお1人である考えてよいと、私は尊敬しております。

　昨年は1年間米国のコロラドで研究されて、1月にご帰国になり慶應のほうに戻られております。非常にバイタリティのある方でして、今日もうんと早く敦賀に着かれました。午後2時からの講演ですが午前9時半には敦賀に着かれて、コミュニティバスで市内をぐるぐる回っていらっしゃったとのことですので、敦賀の市内もだいぶ詳しくなられたようです。それでは時間ばかりたってしまいますので、「遺伝子にとって教育とは何か」という演題です。では安藤さん、よろしくお願いします。

学生時代から「さん」付けどころか、「福永君」「柴原君」と君付けだったので、ここでもそれが出てきてしまいそうなんですけれども、福永さんご紹介ありがとうございます。

とっつきにくい話であるかもしれない「遺伝子と教育」についてですが、私は双子の研究をやっておりまして、今は800人くらいの双子の人たちに協力していただいて、心の遺伝についての研究というものを教育心理学者としてやっております。私にとってこれは学生時代からやっており、おそらく死ぬまで私のテーマになると思います。この「遺伝と教育」というテーマに対しては、その受け止め方が人によってずいぶん違うということを、いろんな方とお話して感じます。すごく身近に感じている人もいれば、ほとんど関係ないと感じてらっしゃる方もいらっしゃるようです。

この話というのは、人間の能力、性格というのは生まれか育ちか、という話としていつも問題になってくることでもあります。一つの極端な考え方として、教育を成り立たせている前提、子育ての前提として、人間というのは生まれた時にはまっさらだから、そこに、何もないところに知識や能力といったものを書き込んでいってあげるんだという考え方が根強くあり、人の心は白紙であるとか、空白の石板であると言います。空白というのはタブラ・ラサ(tabula rasa)という言い方をしますね。これは昔の哲学者、18世紀ですか、ジョン・ロックの言った言い方です。空白の石板というのはブランク・スレート(blank slate)と言うんですけれども、最近、スティーブン・ピンカーという人がブランク・スレート(blank slate)というタイトルの本を書き、2週間ほど前に翻訳が出ました。それは人間の本性とは何かという本でNHK出版から出たばかりですが、これは今日お話しすることも含めて、最近の遺伝子研究というものが人間の心にどこまで迫っているかということが書かれています。結論を一つ先取りしますけれども、実は人間というものは決してブランク・スレート(blank slate)ではない、白紙ではない、こんなに一杯生まれつき書き込まれているんだということを話した本な

んですが、こういった言い方で、教育の前提として、一つの素朴な考え方として人間は生まれつき何もないんだ、そこに書き込んで行くんだという話があります。

　ちなみに、僕がこのテーマに関心を持った一番の理由というのは、大学の卒業研究のときに鈴木メソッドに関心を持っていたんです。バイオリンの早期教育で有名な鈴木メソッドです。鈴木鎮一という方が開発したテクニックで、おそらくお子さんをそれで育てたり、自分自身がバイオリンやピアノをなさったりした方も少なくないと思います。「人間は生まれつきではない」、「人は環境の子なり」というスローガンで小さな子どもにお母さんが母国語で話しかけるのと同じように、バイオリンで遊ぶという環境を作ってあげると、小さな時からバイオリンをおもちゃのように使ってビバルディやバッハの名曲を弾いてしまった。鈴木鎮一は江藤俊哉とか豊田耕兒とか、日本の草分け的な国際バイオリニスト達を自分の家で育てた人でもあったわけで、まさに彼自身が、教育によって人間の能力というものがこれだけ開かれるんだということを証明しました。それに感銘しまして「人間は遺伝なんか関係ないんだ」ということを科学的に証明しようと思ってこのテーマに関わり出したところが、調べていくと「遺伝も実はかなり重要なのではないか」ということに気がつき、一方的に環境だけで書き込めるという考え方に対して、ちょっと疑問を持つようになったんです。

　確かに巷に見る教育書というのはどちらかというとタブラ・ラサ(tabula rasa)、心は生まれつき白紙であるという考え方を支持する本が多い。しばらく前にベストセラーになった本で、「子どもが育つ魔法の言葉」という本がありますが、ここに何が書いてあるかというと、例えば「けなされると子どもは人をけなすようになる」、「とげとげしい家庭で育つと子どもは乱暴になる」、「不満な気持ちで育てると子どもは不満になる」、まとめてみると「Xで育てると、子どもはXになる」と、こういうことが書かれています。これは非常に単純な因果律を表していますね。こういう育て方をすると、それがコピーされたように子どもが育っていく。これは本当にそうなんだろうか。

大学時代の私はどちらかというと哲学少年で、大学の学部の頃から「教育ってそもそも何なんだろうか」ということを考えているのも好きだったんですが、教育学の中で三大古典といわれている本があります。プラトンの「国家」ルソーの「エミール」そしてデューイの「民主主義と教育」です。これを見ると、人間というのは生まれつき白紙でそこに書き込むのが教育だなんてどこにも書いてないんですよね。
　プラトン、とてつもなく昔の西欧の学問を作った人です。先生はソクラテスです。彼の教育学の古典とも言われております「国家」。政治学の本のように思いますけれども、そうではありません。この本は国家を統治する王様、統治者というのがどういう人間じゃないといけないか、ということを延々岩波文庫で2冊に分けて、ソクラテスと弟子のグラウコンの対話という形で書かれています。
　ここで基本的に彼は、国家を統治する人は哲人でなくてはならない、哲学者として優れた人でなければならない、そういう人というのは素質として金を持っていなくてはならないと言っています。人間には金を持っている人、銀を持っている人、鉄や銅を持っている人というのがいて、支配者として統治する人間というのは、生まれつき金を混ぜ合わされている。それを助ける人は銀、そして普通の農夫や職人達は鉄や銅を混ぜ合わされていて、哲人を育てるためにはまず金を持っている人を選んでいかなければならない。もしあなたの子どもが鉄や銅であったら、最初から哲人になることをあきらめさせたほうが良い、と考え方によってはものすごく差別的なことを彼は言っているんです。しかし、この時代というのは奴隷制が当たり前の時代ではありましたし、特にこの時代の人間の育て方についての考え方というのは、まず素質がなければならない、素質に比べて教育の力というのはものすごく弱い。訓練は大事だけれどもまず素質というものが重要である。例えば、粗暴さが出てくるのは気概的な素質からなのであって、この素質っていうのは正しく育まれれば勇気になるけれども、必要以上に強調されると頑固になってしまうというふうに、まず素質があって、それをどう育てるかという

話になってきます。

　ちなみにこのソクラテスっていうのは、ちょうど今年オリンピックが開かれたアテネ、大昔のアテネで町の青年を捕まえては「お前の考えはおかしいんじゃないか」とチクチクやって、だんだんと嫌われて行って、最後は裁判で死刑になって毒殺されるわけなんです。そのチクチクやられる中で、しかしながら青年達はどこか自分たちは考え方がまちがっているかもしれない、自分たちが正しいと信じていたことが実は間違っていたのかもしれないと気づかされる。それから、自分が知らなかったと思ったことが、わかってみると実は自分の心の中にもともと持っていたものであるということに気づかされるという、そういうプロセスも主張しています。そこでソクラテスの教え方のことを想起説といいます。教育というのは教えるんじゃなくて、もともと持っているものを思い出させるんだぞということを、プラトンのこの時代から彼は言っているんですね。これは非常に面白い。

　時代はちょっと下りますが18世紀、ルソーという人、これはフランス革命の哲学的主柱にもなっていた人で、人間というのは自由なんだということを言った人であり、と同時に自然に帰らなければいけないと言った人でもあります。彼の「エミール」という本は教育学の中でもすごい古典なんですけれども、その最初のところで非常に有名な自然賛美の言い方をしています。「万物を造るものの手を離れる時はすべてはよいものであるが、人間の手に移るとすべてが悪くなる」。だから、子どもを育てる時もいろいろいじくっちゃいけないよという発想なんです。やはり冒頭の部分で非常に有名な文があります。「教育というのは自然か人間か事物によって与えられる」。自然の教育、これを私の話にひきつけてみれば、遺伝が育てていくものです。それから人間による教育、これは普通の教育です。それから事物、さまざまな文化に触れたり、ものに触れたりして自分で自分を造っていくということです。この３つによって与えられるんだけれども、この中で自然の教育というのは自分たちの力ではどうしようもできない。そしてこの３

つが揃っていなければ教育というのはうまく行かないんだとすれば、一番どうしようもならない自然の教育に他の2つを合わせていかなければ教育は成功しない。そしてまさに自然の教育というのが教育の目標、人間はどうあるべきかという目標そのものも与えているんだ、だから自然に帰れということを言っています。「エミール」は教育の思想の中では子どもの発見をした人だと言われていますけれども、子どもには子どもの価値というものがあるんだということを言った人であったわけです。

　またまた時代は下りまして20世紀に入ってアメリカの哲学者でジョン・デューイという人ですけれども、これも教育哲学では非常に重要な古典と言われている「民主主義と教育」という本がありますが、彼はこの本の中で今言ったルソーの言葉を批判しています。「彼（ルソー）はこれら3つの教育、自然の教育、人間の教育、事物の教育を共同して働かなければならない要因とみなすのではなく、別々に独立したものが働いているというふうに考えている。これはおかしい。この3つというのは確かに教育の条件を与えている。特に教育を考える時、自然の教育というのは非常に重要な条件であるということを指摘した点では正しいのではあるけれど、彼はただ単に条件だけでなくて教育の目的まで自然にあるんだと言ったことは重大な間違いである。こういった自然、あるいは遺伝的に持っているものは勝手に動いているんじゃなくて、それを社会の中で使っていくことによって発達するのであるから、それらを社会の中で気まぐれに動かすんじゃなくて、それをできるだけ利用するような社会的な条件というものを作ってやることが教育なんだ」というようなことを言っています。

　昔の偉い人の話をしましたが、ここで言いたいのはまだ遺伝子という言葉のなかった昔から、遺伝と教育というのは実は切っても切れない関係だったのであって、教育を考える時はただ単に教えりゃいいというものではなくて、この子がもともとどんな子なんだろうか、どんなものを持って生まれてきているんだろうか、ということと一緒に考えなければ、考えることができなかったという話です。こ

れはたぶん、こういうふうに申し上げれば皆さんたぶん「そりゃそうだろう」と思われるでしょう。しかし実際に遺伝子がわかる時代になってきて、この話というのがどうやって現代の科学の中で取り上げることができるんだろうかということが、私の話です。

　ここで全体を貫く1つの重要な命題を言います。「人間のあらゆる精神活動とそれが生み出していく文化はすべて遺伝的なんだ」ということを、一つの中心的なテーマとしてお伝えしたいと思います。これは人によっては「当たり前だろう。人間は遺伝子でできているんだから」と思える人もいますが、人によってはものすごくいやな言葉に聞こえるかもしれません。と言うのは「人間のあらゆることというのは遺伝で決まっちゃっているんだろう。それならもうどうしたってしょうがないじゃないか。どうしようもないじゃないか。教育なんか働きかける意味なんかなくなってしまうんじゃないか。もし、親が出来の悪い親だったら私はもうどうしようもないじゃないか。」というような話として受け止めがちだからです。そういった考え方というのを、データを通じて本当にそういうことが言えるんだろうかということを示していきますが、まず基本的なことで、人間と言うのは遺伝子の産物なんだぞということを簡単にお示しします。

　おそらくどこかで聞いたような話が多いのではないかと思いますが、基本です。人間というのは、1つ1つの細胞の中にある23対、46本の染色体という物質の上に乗っている遺伝子、その遺伝子というのもDNAという物質の上にG、C、A、Tと4つの塩基と呼ばれる物質が一種の文字のように配列していて、その文字の組み合わせがアミノ酸を作っています。アミノ酸というのは、ある特定の組み合わせをしますと、特定のタンパク質になります。タンパク質というのは、人間の体を作っているあらゆるものです。タンパク質の元になっている、そのタンパク質がどういう形になっているかということを書いているのが、このDNAの上の文字情報です。このタンパク質というのは自然に折りたたまって、ここが本当に不思議なことなんですけれども、これが人間のあらゆるものを作っている、しか

も非常に整然とした形で作り上げていき、骨を作り、赤血球を作り、肝臓を作り、神経細胞を作っていきます。そして人間を作っていきます。非常に雑な言い方になりますけれども、とにかく元になっているのはDNAであると言えます。そして皆さん自身のDNAというのはどこから来ているかというと、これは当然のことながらお父さんとお母さんから来ています。お母さんが作った卵子とお父さんが作った精子が結びついて受精した受精卵が大きくなったものが人間なわけですけれども、そこには1つ1の染色体の決まったところに決まった遺伝子が乗っています。そしてお父さんから1つ、お母さんから1つ、同じところにあったものが組み合わさって、対立遺伝子なんて言いますけれども、それが今わかっているのは3万個くらいの遺伝子というのが23対の染色体の上に乗っかっています。

　ここで2分間ほど、数学が苦手な人は頭が痛いといって見ていただければいいんですけれども、この地球上に何人の人間がいるか、その数を数えてみたいと思います。そんなことできるかって思うかもしれませんけれども、非常にラフな考え方をします。星というのは永久になくならないんじゃなくて、星は生まれて死にます。地球は何十億年とつづいてきていますけれども、その中で生命が存在してきた時間、特に人間が存在してきたのは、せいぜい500万年くらいです。三葉虫とか太古の生物も普通1000万年くらいすると、恐竜とか何か別の種に進化しちゃったりするものです。それを最大限長く取って、ヒトが地球上に2000万年くらいいたとします。すると2000万年というと何世代か。これもラフに1世代20年と計算します。そうすると100万世代ということになります。100万世代というのは10の6乗、0が6個付きます。地球上には最大限とっても10の6乗くらいの世代数になるということです。で、1代当たり、今地球には60億か70億かヒトがいるんですけれども、これも毎世代100億人、つまり10の10乗人ずついるという非常に大きな見積もりをしたとすると、地球が始まってから終るまで存在するヒトの数というのは、せいぜい10の16乗、16桁くらい

ですね。これはとてつもない数ではあるんですけれども、それに対して遺伝子の数というのはいくつあるのか。

　今日はコメンテータの先生でお坊さんがおいでですが、仏教の話ですごいなと思うのは時々数の話が入りますね。それも百千萬億とか西方浄土十万億土とか無量大数とかとてつもない数がでてきますが、遺伝子の数の世界というのはまさにそれが本当にリアルにそういう世界だと言う話であります。

　人間というのはだいたい60兆個の細胞からできていると言われています。その一つ一つの細胞の中に、さっきのA、T、C、G、DNAの文字というのが30億文字入っているわけです。これだけでも想像を絶する数です。ちょっと細かくなりますけれども、この30億の中で遺伝子として本当に意味があるのは、実は非常にわずかだと言われています。5％くらいしかない。逆に言えば、95％のDNAというのは意味がないと今は考えられています。今後の研究で意味が読み取られるかもしれませんけれども、とにかくDNAの全部が全部遺伝子として意味があるわけではない。しかしこの遺伝子というのは数にして見ますと3万個くらい、これも3万から3万5千くらいだろう（注：2004年の秋にはさらに2万個程度という推定値が発表された）と言われていますが、その数の遺伝子によって人間はできていると言われています。

　さて、30億のDNAの配列というのは、最近のヒトゲノムの研究からわかってきたことなんですけれども、ヒトとヒト、あなたとあなたのお隣の人のDNAの配列を見てみると、実に99.9％が同じ配列をしているんだそうです。違っているのは0.1％しかない。非常にわずかな違いしかヒトとヒトの間にはない。ということだけ見ると、人間というのは遺伝的には共通なんだ、平等なんだと言う考え方を理解できるような、1つの重要な発見だと思います。ちなみに人間とチンパンジーの違いというのは、1.2〜1.3％くらいしかないということも言われてきています。

　そうすると人間というのは遺伝的には皆同じだと思われるかもしれませんが、

ここで計算してほしいんですけれども、0.1％というのは30億の塩基に対してのもので、数にしてみると300万個、300万の文字が違っている。30億文字の小説の中で300万の文字が違っているわけなんです。その中でも遺伝子の部分と言うのは5％だけなんですから、ラフに見たとしても遺伝子の中で15万の文字が違っている。3万の遺伝子がある中で15万個の文字が違うということは、あらゆる遺伝子の中にヒトとヒトとの違いがある可能性を示しています。つまり例えば血液を持っているということで言えば誰でも血液を持っていますが、それがA型かB型かO型かAB型かというのは、1つの遺伝子の文字が違っているだけで違ってきます。髪の毛でも赤い髪になるか黒い髪になるかというのは、1つの文字が違うだけで違ってきます。たった1つの文字が違っているだけで、からだの中である物質が作れないで病気になるということがあります。そういったものが、この塩基の違いというものに関わってくるわけです。

　こういうふうに考えると、人間は皆遺伝子は違うものを持っている可能性がある。これもちょっと計算してみます。ヒトの遺伝子が3万個あったとして、ちょっと少なく見積もってその10分の1、3000個の遺伝子にヒトとヒトとの違いがあるとします。1つあたりの遺伝子に違いがあるということは2種類、Aとaの2種類があるという形になりますけれども、その組み合わせ、父親から来た遺伝子と母親から来た遺伝子の組み合わせというのは3つというのが最低の数です。つまり、1つの遺伝子については3つの種類があり、それが少なくとも3000箇所で人間というのは違いうるとすると、それは数にしてみると、3の3,000乗の違いがあって、これは10にしますと1430乗という数になります。さっき人間の数は10の16乗だといった数に比べて、遺伝子が作りうる人間の種類、多様性と言うのは本当に桁外れに違うということです。ここから何がいえるかというと、あなたと同じ遺伝的素質を持っている人というのは、古今東西絶対にいないと言い切ることができるということです。1人1人の顔が全部違うというのも、身体つきだって1人1人が違うわけですけれども、その違いの1つ

の大きな原因というのは、ほとんど無限とも言える遺伝的なバリエーションの中の1人というのが自分であり、それは他の人とは絶対に違う。ということはある意味では恐ろしいことですけれども、自分と全く同じ条件でこの世に生きてた人というのは後にも先にも全くいない、そういう意味では自分はひとりぼっちだということも言えるわけです。それはとりもなおさず最後に自分が死ぬまで自分の素質がどう使われるかということを誰も知らないわけで、最後まで可能性に賭けるチャンスがあるということにもなります。

　そういった遺伝子というものがわかるようになりました。ちょうど2000年、20世紀から21世紀に代わる時にヒトゲノム計画というものが終って、遺伝子の文字が全部読み解けるようになったというふうに言われています。ヨーロッパの歴史ではキリストの誕生を境に、それより前をBC、後をADと言いますね。これはBefore Christ、キリストの前、それから後はキリストは神の子だったということで、「神の御年」ということでAnno Dominiと言います。これをちょっともじって、まさに2000年というのは、歴史的にも遺伝子というのは人間だけの持ち物ではなくて、アメーバから地球上の生きとし生けるものすべてに共通する情報源の根本がわかったと言う意味で、それが乗っているChromosomeという染色体、その染色体以前のBC(Before Chromosome)、そしてDNAの御年ということでAD(Anno DNA)、まさに歴史を二分する大きな時代に我々は居合わせていると言えるんじゃないかと思うわけですけれども、これはとりもなおさずやっとわかり始めたばっかりなので、まだわからないことがたくさんあるということでもあります。

　今日はその中でちょっとはわかったかなという話をしていこうと思います。先ほど言いましたけれども「人間のあらゆる精神活動とそれが生み出した文化的形質は遺伝的である」という話なんです。人間の行動とか心の働きというものが、顔つきや身体つきと同じように遺伝の影響を受けているということを実感していただくために、12～13分それを紹介したビデオを見ていただきたいと思います。

民放の「スパスパ人間学」という番組の中で示したもので、今日お話しようとしている重要な部分というのが結構紹介されています。ちょっと見にくいところも最初ありますけれども、出演している皆さんは私達の研究に関わってくれた方です。

－ビデオ上映（約12分）－

ビデオ内容：双生児が別室に分かれて、それぞれ集団の中で会食、雑談、カラオケなどをする。双生児のペアが他者に対して外向性、支配性などで類似した行動をとることが示される。

こういうのを見ると、テレビなんてヤラセなんじゃないかと思われるかもしれませんが、ヤラセじゃありません。唯一ヤラセっぽいのがあったとすると、ビデオの後半に登場した二卵性双生児なんですが、一方がカラオケを自発的に歌ったんですがもう一方がなかなか歌わなかったので、司会の人に「何か歌わせてよ」と言った部分がヤラセと言えばヤラセですけれども、選曲なんかは彼らが自由にしたものです。一卵性の場合、同じペアが同じ歌を選んだというのは後から気が付いて「えっ」て思ったくらいなんです。けれども同じ歌の同じところで間違ったというのは遺伝的というよりも、あれは曲そのものが音をとりにくいものだったんで、あれは遺伝というのはちょっとまずいかというような気はします。しかも3時間くらいああいう合コンをやっていきますと、違う部分というか、似てない部分も結構あることはあります。その中でその人その人非常に特徴的な、例えばパーティをリードするような女性というのは、割と一貫してああいう行動を示していました。男の子も2人はいつも一緒だけれど、1人は外れていたというのも、わりと安定していたものでした。そういったところをつなぎ合わせたので、実際にその場に居合わせた印象よりも類似性は際立って見えるところがあるかも

しれませんけれども、ヤラセということはありません。

　双子の研究というのをなぜ「遺伝と教育」でやるかというと、こういうことが実証的に示すことができるからです。今、テレビでやったことをもう一度なぞりますが、一卵性というのはもともと1つの受精卵、1つの卵というのが、まだ理由はよくわかっていないんですけれども、非常に初期の段階で2つに分かれて2人の成体になったもので、遺伝的には全く同じだというふうに言われております。ちなみに、双子が実際に生まれている数というのは1000出産のうちだいたい4出産が一卵性だとなっていますし、これは民族に関わらずに人間にだいたい普遍的な数です。しかしながら、体内では双子だったのに、一方が消えてなくなるVanishing Twinという現象が最近見つかっていて、実際もっとたくさんいる可能性があります。皆さんももしかすると体内では双子だったかもしれないという可能性があり、なおかつ左利きの人、双子には一方が右利き、一方が左利きという場合が多いんですけれども、これは特に卵割、卵がだんだん細胞分裂していって、あるところで右側左側という傾向が現れてくるところがあるんです。ここで分かれると、右側の人は右利きになり、左側の人は左利きになるという説があります。自分がもし左利きだったとすると、ひょっとすると右利きの双子が体内にいた可能性があるという説もあります。これは少し余談ですが。一卵性は遺伝的には全く同じです。

　それに対して二卵性というのは、もともと違った卵子からなっていますので、基本的に同時に生まれたきょうだいということになります。もし、ある特徴に遺伝の影響が出ているとしたら、一卵性は二卵性よりも遺伝的にはずっと似ているわけです。それに対して家庭環境の影響というのは、もちろん一卵性は二卵性よりもある程度よく似ていますので同じ環境になりやすいということはあるんですけれども、しかしながら一卵性と二卵性は思ったほどはっきり分かれてなくて、小さい頃なんてどっちがどっちだかわからないくらいですから、家庭環境の影響というのはこの2つはそれほど違わないですね。

そうすると、もし一卵性をたくさん集めてきてその類似性というのを調べてみると、統計学的には相関係数という形で表すんですけれども、全く似ていなければ0、完全に似ていれば1という数字で表してみますと、例えば身長だとか、体重だとか、指

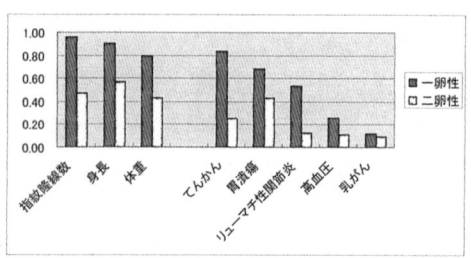

図1　身体的、病理的形質の双生児相関 I

紋の数、あるいは病気、こういったものが遺伝の影響を受けるということは、みなさんそれほど抵抗を感じないと思います。こういうものについて一卵性と二卵性の類似を比較すると図1のようになります。特に体つきに関するものというのは、一卵性は二卵性の倍くらい表示している場合が多いということがいえます。病気の場合というのもはっきりした差があります。ちょっと興味深いのは高血圧とか乳がんって、ちょっと考えるとすごく遺伝の影響を受けていそうな感じがするかもしれないんですけれども、確かに一卵性が若干二卵性よりも高いですけれども、そもそも一卵性であっても類似性がものすごく低い。ということは、こういうものはもともとそれほど遺伝的ではないということになります。癌の中にはもちろん遺伝性の強い、家族性のある癌というものもありますけれども、それは癌の種類によって違いますし、家族内で伝達しない癌が結構あるということも認識しておいていいと思います。

　身体や病気はいいとして、じゃあ心の側面はどうかについてです。みなさん気になるかもしれませんが、知能とか学業成績、性格、社会的な側面、短距離走のような運動能力、精神疾患、統合失調症やうつ病など、それから犯罪傾向みたいなもの。そしてその人が持っているというよりもその人が周りに作り出す環境要因、その人が職場で上司からどれくらい心理的経済的サポートを受けていますか、満足に受けているか受けていないかなどを聞いているんですが、それについて一卵性と二卵性の類似性を見ると、やはり一卵性の類似性は二卵性の類似性を上回

ります（図2）。宗教性というのは物々しいですけれども、これはお彼岸の時にお寺に行きますか、というふうに聞くのでこれは結構家族的な習慣が出ていますので一卵性と二

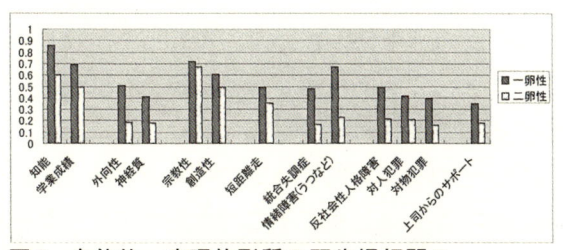

図2　身体的、病理的形質の双生児相関 II

卵性の差はそれほどないですけれども、他の方は先ほどの身体つきや病気のように差が出ています。このことから精神的な活動には多かれ少なかれ遺伝の影響があると申し上げているのです。これは人の顔立ちが皆違うのと同じように、人間の心の１人１人の働き方というものにもその人の個性というものが表われてきていて、そしてそれは先ほども表しましたように、古今東西誰１人として自分と同じ遺伝的な素質を持っている人というのはいない固有性の表れであるということになるわけです。

　これだけでも神秘的ですごく面白いと思うんですけれども、こういう話を聞くと悲観的に思う人が多いんです。ここで「心は遺伝的なものだ」ということを前提として、遺伝というものはどういう意味があるかということを打ち崩してほしいというのが、この話の後半のテーマになります。

　多くの場合、私達は遺伝だと聞かされると、こんな素朴で悲観的な遺伝観を持ちがちです。まず「親がアホやからわいはアホなんや」というふうに、親から子に形質が伝わるという考え方。これはかなり根強くあります。私半分断言しますが、今日ここでそうじゃありませんよという話をしますが、たぶん家へ帰って遺伝の話をすると結局この話に落ち着いてしまう危険性があるくらい、この考え方というのは根強いんです。これがあるからいろいろな不幸が起こっています。例えば結婚する時に自分の家系に、または結婚しようとしているフィアンセの家系に遺伝的な病気があるから「うちの子も病気になっちゃうんじゃないか」ということ、確率的に全くそれがないわけではないですけれども、そんなことを理由に

結婚をあきらめてしまうなんてこともあります。歴史的には遺伝的に劣等な民族というものがあると信じられて、それはどんどん劣等な性質を子孫に伝えていく、それは抹殺しなければならないということで、ナチスはユダヤ人を抹殺しようとした。それも基本的にはこの考え方があったからです。いわゆる優生学という学問です。つい最近まで第二次大戦の時まで世界の主だった先進国のえらい人達というのは、人間は遺伝的に優れた人たちがたくさん子どもを産むようにし、逆に劣った人たちには子どもを産ませないようにすることによって、人間の性質というのはどんどん改善されるんだということを本当に信じて実行しようとしました。

ちなみに日本にそれを導入した人は誰かご存知でしょうか。これを言うと、私達パネリストのうち3人までは非常に恥ずかしい思いをしなければいけないんですが、私たちの母校である慶應大学を作った福沢諭吉がそれを導入したんです。あの人は「天は人の上に人を作らず、人の下に人を作らずと言えり」という非常に平等主義的なことを言っている半面で「人間の生まれつきの素質というのは非常に大きいのだから、慶應義塾はそういういい素質の人達を取って教育しろ」ということをあちこちで書いているという、これは非常に考えさせられることなんです。ですからこの考え方というのは非常に根強くあります。

それからもう一つ「馬鹿は死ななきゃなおらない」。生まれつきというのは一生変らないんだという考え方ですね。不変的、恒常的で変わらないということです。これと似ていますけれども、だから遺伝的に駄目だったらどう教育しても無駄だという、環境によってはどうしようもないという決定性、「遺伝だ」と言われるとこういう考えを持ちがちです。これに対して、この話の中で新しい遺伝観というものをお示ししていきたいと思います。伝達性に関しては非伝達性、これはそんな馬鹿なと言われるかもしれませんが「遺伝は遺伝しない」のであります。これをちょっとお話したいと思います。それから、遺伝というのは単純に決定されているんじゃないんだということを言うために、前文化性、文化よりも前に存在しているんだということ。それから、遺伝というものは一生を決めているのではな

くて、どんどんどんどんその場その場で新しいものを作り出しているんだという意味で、私は即興劇だと言っているんですけれども、作り出しているという意味で生成性を持っているという話を手短かにしていきたいと思います。

　まず「遺伝は遺伝しない」。これじゃそもそも言葉の意味が変じゃないかと思われるかもしれません。遺伝というのは確かに遺し伝えるという、それ自体が伝わる意味で言っているわけですし、確かにある種の遺伝病、例えばハンチントン病だとかパーキンソン病とか、あるいは病気ではないのかもしれませんが、色盲なんかも、その遺伝子を持っている人というのは、子どもに伝わりやすいということはあります。普通私達が遺伝病なんかのイメージで考えている、遺伝する原因になっているものは、多くの場合は1つの遺伝子で決まってしまうものです。血液型もそうですが、これは遺伝学的には主遺伝子、major geneと言いますけれども、こういったものというのは確かに1つの遺伝子がどのタイプかということで、かなりはっきりと子どもに伝わっていきます。遺伝の法則というのも、こういうものに着目したから見つかったわけで、私達が持っている遺伝のイメージというものも、親がそれを持っているそのもとになる遺伝子を持っていれば、自分にも伝わっちゃうというイメージです。

　ところが、ほとんどの多くの人間の体や心を作っているものというのは、1つではなくてたくさんの遺伝子たちによって影響を受けています。遺伝というと「遺伝によって決まる」と言う言葉がすぐ出てくるんですけれども、1つの遺伝子が関わる場合、それがあると高い確率である形質が発現しやすくなりますので、その場合は遺伝によって「決まる」と言ってもいいかもしれません。しかしたくさんの遺伝子が関わる場合は「決まる」とは言えないということに気をつけてください。「決まる」のではなくて「影響を受ける」と言う言葉に言い換えるだけで、ずいぶん私達の遺伝に対する見方というのは変わってくると思います。たくさんの遺伝子、これは主遺伝子major geneに対して多遺伝子polygeneと言いますけれども、さっきあげた身長とか体重とか身体の大きさなんかに関わることは

もちろんのこと、風邪にかかりやすいとか、癌になりやすいとか、いろんな病気にかかりやすいというのも、これは1つのものではなくてたくさんのいろんな要因というものが関わってきます。そして精神活動に関わるパーソナリティとか、知能だとかいうものも、たくさんの遺伝子によるものです。

では基本的にたくさんの遺伝子によるものというのがどうなるか、これはちょっと比喩で考えてみます。お父さんとお母さんのお財布から、子どもにコインを半分渡すと言うモデルで考えてみたいと思います。ここで遺伝子をイメージさせて、対になっている5ペアの遺伝子のセットがあると思ってください（図3）。そこには重みが違った金額なんですけれども、そういうものになっています。お父さんが692円でお母さんが1726円持っています。ここで遺伝の法則では、このうちのどちらか一方がランダムに子どもに伝わります。どっちが来るかというのはわかりません。このうちそれぞれのペアの半分が来るんですが、ここで運悪く父親から額面の低い方のお金ばっかりが来たとします。お母さんからも低い方ばっかりが来たとします。そうすると合計は98円にしかならず、両親のどちらよりもぐーんと低い数値になります。同じ親から受け取っているわけですけれども、親のどちらと比べても低い値になります。逆に額面の高い方を受け取ると2300円という、これまたどちらの親よりも高くなります。基本的にはこの両極端の間に、正規分布といってこの2つの平均値になるところが一番生じやすいんですけれども、この間のあらゆる可能性を子どもは取りうるということで、同じ親から生まれても、同じ親の両極端以上に子どもの素質というのは散らばる可能性があるということです。

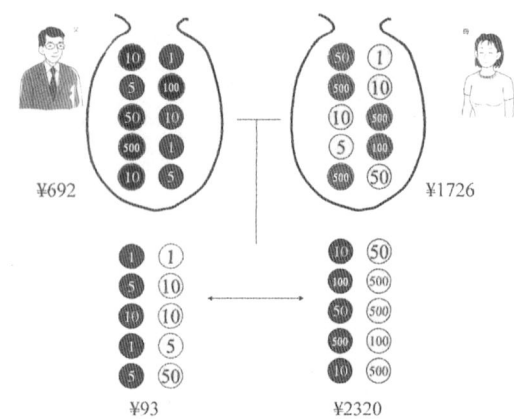

図3　ポリジーン　相加的遺伝効果(A)

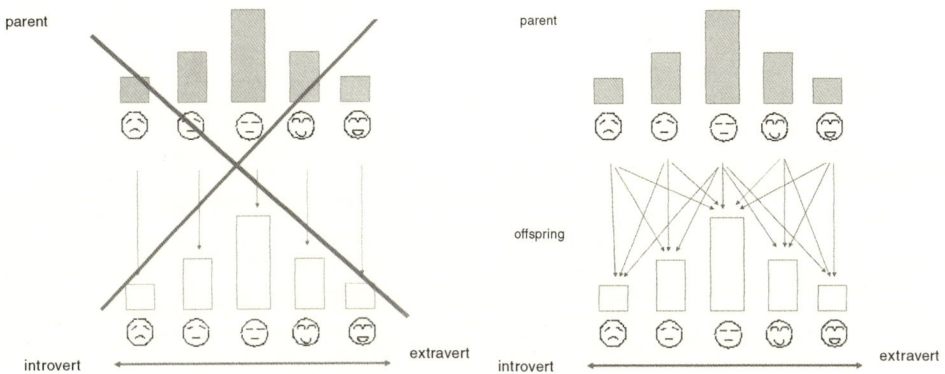

図4 polygenic(additive genetic) transmission(Li,1975)

　一昔前、家に子どもが5人も10人もいたような時代なら、こんなのはたぶん当たり前のように、同じ親から生まれたのにこんなにいろんな子がいるのかと実感としてわいたと思うんですが、最近少子化になってきますと、その現象というのはなかなか見えなくなってきているわけです。遺伝的に同じ親から違った子どもが生まれる。特に、親と同じ額になると言うことはほとんどありえないということ、そういう意味で親から子に同じものは伝達しません。伝達しているのは遺伝子なのであって、遺伝の現象というのはその遺伝子が父親と母親が合わさった、その全体が表現されてくるわけですので、遺伝子は遺伝しますけれども表れた表現型は親と子は同じものにはなりません。ですから、性格が明るい親、暗い親があったとして、一般のイメージだと明るい親からは明るい子が、暗い親からは暗い子が生まれるというイメージを持ちがちですけれども、そうではなくてシャッフルされるわけです（図4）。親の世代も子の世代も分布は同じようになりますけれども、しかしそれがどの親から来るかというのは、結構バラバラになっているということ、これが1つです。

　もう1つ。さっきのやつは、それでも両親がよりお金持ちだったら、そうじゃ

図5 顔の美しさの遺伝

ない親よりは子どもの金額が高くなる確率は高くなります。そういう意味では全く同じにはならないけれども、ゆるい範囲で親と子というのが類似する可能性というものがないわけではないんです。けれども遺伝の法則というのは、そういうふうに単純に高けりゃ高い、低けりゃ低いという感じにならないことがしばしばあります。これは、顔の美しさが遺伝するか、という話なんです。この図5の親のほうを一応美男美女だと思ってください。ちなみにこれは後でお話しますけれども、別々に育った一卵性の双子の研究をやっているミネソタ大学の論文の中から引っ張り出してきた図なんですけれども、一応アメリカの典型的な美男美女だそうであります。ここから目の形は父親譲り、鼻の形は母親譲りといった感じでパーツパーツは同じなんだけれども、その組み合わせが変わるという形でどんな子どもが生まれるかというと、例えばこんな感じ（図5の下）になります。確かに眼は父親譲りとか、顎の形は父親譲りとかになりますけれども、美人か美男かというのは好みの問題ですので人それぞれありますけれども、少なくとも顔のイメージというのはずいぶん違います。だけど、この人に一卵性の双子がいたとすれば、顔つきは非常に良く似ています。そういう意味で、顔立ちというのは遺伝の影響を受けていますが、しかしながら親子というのは必ず似ているとはいえない。きょうだい間も似ているとはいえない。実際にさっきのように一卵性と二卵性の統計を取った時に、一卵性はかなり似ているんだけれども、二卵性は親子兄弟というものが一卵性から予測された数字よりも全然似てないというパターンが結構出てきます。パーソナリティというのがまさにそういうパターンが出やすいですし、どれだけ脳波の振幅があるかということも、一卵性はすごく似ているんですけれども二卵性はほとんど似てないというパターンが出てきます。

こういったものというのがどういうメカニズムから起こっているかというと、

おそらくこういう1つの遺伝子ではなくて、たくさんの遺伝子がお金のように足し算的に効くんじゃなくて、まさに組み合わせとか、模様とか、どういう配置とか、どれと一緒になっているかとか、こういうことは足し算的ではなくて組み合わせで効いてきますので、これは専門的には非相加的遺伝効果なんて言っているんですが、そういったものが効いてくるとこれはまさに遺伝的ではあるけれども全然遺伝しない。そういったことから、先ほど言いました「遺伝は遺伝しない」と一見矛盾したことを言っているわけです。遺伝だからといって似るとは限らないわけで、確かに「蛙の子は蛙」ということもありますけれども、「鳶が鷹を産む」というのもこれは遺伝がなしていることです。優れた親なのにそうじゃない子ができたりとか、なんで私達からこんな子が生まれたのかとか、いい意味でも悪い意味でもそんなことが説明が付かないとしたら、それはまさにくじ運がどうだったかということです。すごく非科学的なことを言うようですけれども、どんな素質が子どもに受け継がれるかというのは「神のみぞ知る」ということです。もちろん、お父さんとお母さんが持っているレパートリーの中のものですけれども、それのうちのどれが、どんな組み合わせで相手と相互作用を起こすかというのはこれまた予測ができないわけで、そういう意味で遺伝であるがゆえに予測できないことが生じてくるというのが、1つの大きなポイントです。

　次、2つ目で「遺伝は名前がない」。これは実は意味がとても深いんですけれども、ここでは簡単に説明をします。今のような話をすると、じゃIQに関係する遺伝子とか、パーソナリティに関係する遺伝子とかいうものがあると思われる可能性があると思います。実際に今の私達も含めてですけれども、確かにIQの高さに関わる遺伝子、性格を外向的にするとかあるいは神経質にするような遺伝子が、遺伝子上のどこにあってそれは何の遺伝子なのかを突き止めようという研究というのは、非常に活発に行われるようになってきています。そのときにとりわけマスコミなんかで言われるのは、それに対して「IQ遺伝子」と呼んだり、さっきのテレビ番組の中でも言っていたんですけれども「びっくり遺伝子」、「わ

っ」と驚いちゃうそういう性質に関わる遺伝子とか、そこにこういう名前が付くことが多いんです。それから我々が、すでにお医者さんなんかが見つけた遺伝子は、病気の名前を取って、その病気にさせるような遺伝子ということで、病気の名前をつけることが時々あります。しかしながら遺伝子というのは、そもそもどこから来たのか。今を遡ること40億年前に、遺伝子は2重らせんになっていると言われているんですけれども、その一方側ができました。これはRNAと言います。35億年前にそれが2つ重なって、DNAというものができた。35億年前であります。そこから途中、原始的な動物から生まれて、どんどん進化して恐竜が生まれたりなんかして原生人類なんかが出たりして、500万年前くらいに人類というものが誕生した。ところが人間が遺伝子を発見したのは極めて最近のことで、メンデルさんが「メンデルの法則」を発見したのが19世紀の終わり、そして20世紀の中頃にワトソンとクリックという人がDNAの2重らせんの構造を発見しました。そして2000年にヒトゲノムがほぼ全部読み解かれたということです。これには慶應の清水信義さんなんかも関わっていたんですけれども、日本人も貢献した形で遺伝子の文字を読み解くということがやっと終った。今はその文字がどんな意味があるんだろうということを、ぽつぽつと解析しだしているという時代です。人間の文化と言うのはせいぜいここ数千年くらいのもので、とんでもない昔から進化の過程の中でずっと残ってきた遺伝子というのが今の私達を作っているわけで、それを今の僕たちの限られた中での文化、IQなんて作られたのは20世紀入ってからの話でありまして、それに「IQ遺伝子」なんて名前をつけるのは変な話でありますし、その遺伝子というものがどういう名前で呼ばれなければならないのか、ということは極めて慎重にならなければならない。場合によってはそれには簡単な名前をつけてしまってはいけないと言っていいかもしれないわけです。これは取りも直さず、遺伝子の持つ意味というのは、私達の文化の中でどういう意味づけをしなくてはいけないのかということは、簡単な判断をしてしまってはいけない。昔はSFだったものが最近は現実味を帯びてきて、

クローン人間を作るとか、デザイナーベビーを作って遺伝子を改変させて、あるいはある遺伝子を別のものと取り替えてしまって子どもを作ったらいい子が生まれるんじゃないかなんていうことを言ったりします。けれども遺伝子というのは人間の自分の都合でできているものではなくて、これだけ長い時間をかけて、それが人間の目から見えただけ以外のところにどんな意味を持っているかはわからないのであって、遺伝子に手を加えるというのは非常に大きな問題をはらんでいる可能性があるということを、ここで指摘しておきたいと思います。

　次、3番目。遺伝子の影響というのは決まったものではなくて、作り出されるものなんだ、遺伝子の働きというのは即興劇なんだということです。さっきのビデオをちょっと思い出していただくと、お互い何をやっているのか知らない2つの部屋でいろいろやっていながら、一卵性の双子というのはかなり同じ行動をその場でどんどんやって行きます。もし皆さんに双子の友達なんかがいたりすると、一卵性の場合二人が並んでいると違いの方がよく見えるんですね。顔つきなんかもよく見ると実は結構違っていたりするものです。にもかかわらずその2人が別々に出てくるとどっちがどっちだかわかんないくらい似ている。人間がその人を、他の人とは違う、その人なんだという判断をどこでしているのかということは、双子の研究をしていると時々わからなくなってしまうんです。実は私の家内が一卵性の双子なんですけれども、おととい姉から電話がかかってきた時に、双子の研究をやっているわけだし、わかっているにもかかわらずどっちだかわかんなくて、電話で話していると本当に自分の家内と話しているような雰囲気になって、だから僕は姉と電話で話すのは絶対いやで基本的には出ないようにしているんですが、たまたま家内が修学旅行の付き添いに行ってしまって、うちに私しかいなくて出ざるを得なくなって非常にばつの悪い思いを何でしなくちゃいけないんだろうと思ったんですけれども。とにかく独立で出てこられると本当に区別がつかないくらい一卵性というのは似ているわけです。そういうのを見ますとあたかも先ほどのパーティを仕切るとか、うっかりミスしてしまうように、遺伝

子によってプログラムされているように思ってしまう人がいる。遺伝子というのは青写真なんだ、プログラムなんだと言う比喩もよく使うわけなんですけれども、ここでちょっと考えてほしいのは、35億年前から作られた遺伝子というものが、ある特定の人、今ここでホットプレートをひっくり返して怪我をするようなことを、あらかじめプログラムしていることがありうるでしょうか。ちょっと考えただけでも、遺伝子そのものがそんなものをプログラムしているなんて絶対に考えられないですよね。

　プログラムという比喩はある部分では使いますけれども、私達の行動を考える時にそれは必ずしも適切ではない。にもかかわらず、双子というのはあるときはびっくりするほどの類似性というものを見せます。有名な例では別々に育った双子の研究がアメリカではいくつかなされているんですけれども、さっき美男美女の写真を見せたあのチームでは、生まれてすぐ別々になった100組近くの双子をいろんな方法で探し出してきて研究をしているんですけれども、びっくりするような類似性というのが報告されています。たとえばブリジットとドロシィという、戦時中に別々になって40歳近くになって初めて双子であることがわかって再会させた2人が会ったときに、どちらも指に7つ指輪をはめていて、ブレスレットを2つしている。そして自分の娘にはそれぞれキャサリンとカトリーヌというほとんど同じ名前を付けていて、息子に対してもほとんど全く同じ名前をつけている。そして知能指数なんかも測ってみるとほとんど同じで、若干恵まれない環境で育ったほうが若干高かったんだけれども、基本的にほとんど同じだったとかですね。また別の男の双子は4回離婚しているということが同じで、しかも1回目に結婚した女性の名前と2回目に結婚した女性の名前は同じだった。そういう話を聞くと双子の研究というのは「とんでも学問」とか「エセ学問」みたいに思われるので、この話ばかりしていると信用を失うんですけれども、そういうような話というのに象徴されますけれども、非常に趣味が似ている。たとえばトイレに入ったら最初に水を流さなければ気がすまないとか、海に入る時に後

ろ向きに入らないと怖くては入れないんだけれども、膝までは入りたいとか、1つ1つはたわいもないことなんですけれども、そういったいろんな側面というものが、ある特定の双子の中には共通して表れてくる。ある人はシボレーに乗るのが好きで、輪ゴムを指にはめる傾向にあり、パンを食べる時にはコーヒーに浸して食べるとか、1つ1つ取ってみれば誰にでもありそうな癖なんですけれども、それが全部セットで同じになるという確率を計算するとものすごく低くなってくる。

　その場合の似ている行動というものは、ある社会的な状況の中でふっと表れるんですね。あるときふっとやったことが、非常によく似ている。それが積み重なっていくと、この人とはそういうことをする性質、たとえば先ほどのビデオの場合だったならば、お好み焼きを焼くときは率先して焼く、皆に配るときも率先する、というとその人というのは外向的というか、その場を支配する支配的な性格を持っていると私達は見て、そういった性質を生まれつき持っているという言い方をして理解してしまいます。けれども、その場その場で実はその人が持っている遺伝的な性質というのは、その場に適応した形でたくさんの遺伝子たちがそのとき一番居心地がいいような形でばっと表れた、それが結果として似てしまっているのであって、これはあらかじめプログラムされているわけではないんです。その証拠に状況が変われば違った側面というものが出てくるわけです。

　例えばIQの側面なんかで見てみますと、IQというのは結構遺伝率が高くて50％くらい遺伝で説明されるんですけれども、それが一昔前にIQは遺伝だといわれると、高い人は一生高い、低い人は一生低いという、それこそ「親がアホやからワシもアホや」というイメージそのままを持ちがちだったんですけれども、これは決してそうはなりません。1人1人のIQのプロット、発達の様子を描いてみま

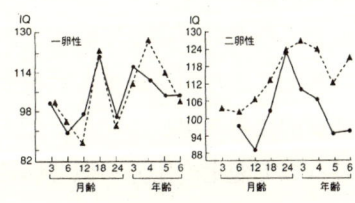

時間的遺伝子？
図6　IQのプロット、発達の様子

すとこれは1人のなかでもかなり大きく変るものです（図6）。変わるんだったら遺伝じゃないのかというと、実はそうじゃないというのがこの話で、一卵性の変わり方というのは非常にシンクロナイズしています。おそらくそのポイントポイントでいろんな環境の状況があったんだと思われます。例えば、あるときはひょっとすると親がなかなか家に帰ってこなくてあまり面倒を見てもらえなかったのかもしれないし、それがいつもお父さんが帰ってくるようになったという状況があったりして、そういった環境の中で子ども達というのは精神的な発達の状況が変化していくということはあるわけですけれども、その変わり方というのは素質が同じだと受け止め方が同じなのでたぶん変化の仕方というのは変わってくるというのが、ここで表していることの1つです。

　もう1つは本当に遺伝子がある特定の年齢になったときに知能の発達をわっと早めるような遺伝子があって、そこにスイッチがオンになって入っていく。おそらく、IQじゃなくてもうちょっと生物学的な、たとえば男性が声変わりするとか、女性が初潮を迎えるとかいうようなものというのも、一卵性は二卵性よりも類似しているんですが、そんなものというのはおそらくどの段階でスイッチが入るかというのは、1人1人違うんだけれども、一卵性はそれが同じだから一緒になってくるという形になるんだと思います。

　けれどもいずれにしましても遺伝の影響というのは、一生涯変らないのではなくて変化します。変化するんだけれども、その変化の仕方というものにも遺伝の影響が関わっているし、しかもそれっていうのはその状況が変ると、引っ張り出してくるものが違っているということがあって、その場その場でその人が持っているたくさんの遺伝子の状況というのが、その状況に適応した形で新しいものを即興的に生み出している。ですから一卵性の双子というのは、その素質全体が同じなので変化の仕方も似ている。

　要するに遺伝の影響というのは変化しますので、そうすると遺伝の影響というのはだんだん大きくなるのか小さくなるのか、ということを考えていただきたい

と思います。図7はIQに関してなんですけれども、一卵性と二卵性の類似性を発達と同時にどう変っていくかということを見ますと、一卵性の類似性というのは生まれた時よりも年を経るごとにだんだん高くなる傾向がある。それに対して二卵性というのは逆にあ

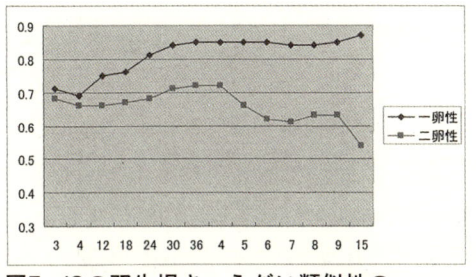

図7　IQの双生児きょうだい類似性の発達的な変化

るところまでは高いですけれども下がって行って、成人に達するくらいに大きくなると一卵性の半分くらいになってくる。一卵性と二卵性の差が大きければ大きいほど遺伝の影響は強いことを意味しますので、これはとりもなおさずIQというのは、生まれたばかりの時よりも成長するにしたがって遺伝の影響が強くなることを意味します。

　これは別のデータなんですけれどもちょっと端折りまして、そこから遺伝の影響と一緒に育ったことによる家庭環境の影響、そして1人1人に固有な環境の影響というのを横軸にとってみると、だいたいこんな形（図8）になります。つまり、遺伝の

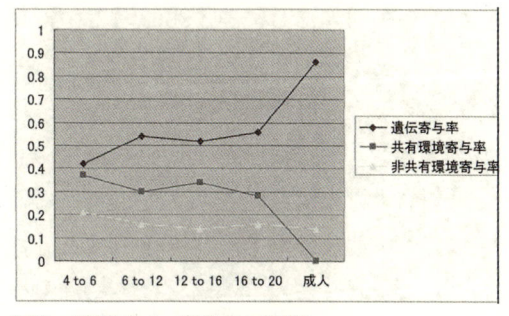

図8　遺伝および環境の影響

影響は強くなります。家庭環境の影響というのは20歳まで一緒に住んでいる時はそこそこありますが、一卵性でも成人になって結婚したり仕事をしたり別々に育つようになるとその影響というのはなくなってしまう。そういうことがあります。特に家庭環境の影響というのは一緒に住んでるときはありますけれども、別々になってしまうとなくなるということが非常におもしろい。

　そこで教訓その2です。遺伝だからといって一生変らないわけではないということが1つ。後で3歳児神話の話が出てくるんですが、3つ児の魂100まで

とは限らない。と同時にさっき生成的であると言いましたが、これは言葉遊びのようですが言葉の中にも表れています。遺伝子は英語でgeneと言うんですけれども英語で言うとgenerateとかgenerativeという、作り出すという意味と同じ語感を持っていて、要するにもともと「創る」という意味を持っているので、決まっているんではなくて新しいものを創っていくんだという見方が必要だということです。日本語では遺伝子と言いますけど、中国語では「基因」と書いて、中国語の発音ではではジインと呼ぶのだそうです。これは基になっているという意味で、決して親から子へ機械的に伝達するという意味ではなく、何かを作り出している基なんだという意味では中国人の知恵はすごいなと思います。音だけでなく意味までちゃんと表現するような言葉を使うというのはすごいなと思います。

　それでこのへんから教育の話に関わってくるんですけれども、環境の影響というのはもちろんあります。とりわけ家庭環境の影響というのはもちろんあるんですけれども、それと言うのは少なくともIQのデータから見る限りにおいて、成人に達すると家庭環境の影響というのはなくなってしまう。それまではある、ということは、おそらくそういった環境の影響というのは、もちろんその場その場では効いてきますけれども、逆に言うとその場の影響に過ぎない。今ここで、というのが重要なのであって、ともするとたとえば早期教育なんかというのは、今たくさん子どもに投資すると大人になるまで財産として残るというふうに思いがちですけれども、おそらくそれというのは幻想に過ぎないかもしれないということです。子どもにとってみれば、今そのときに豊かな環境というものが与えられたときの恩恵というものはありますし、思い出としては一生残るかもしれませんけれども、だけど子どもの時にいい保育園や幼稚園に行ってすごく成績が良かったからといって、そのことをずっと一生持ち続けていくかといったら決してそうではなく、その次に小学校に上がって変な先生に付いちゃったらその時の影響を受ける。そしてまた高校でいい先生に出会ったらその時の影響を受ける。ということで、こう言っちゃうと悲観的に思われるかもしれませんが、環境は一生の財

産にはならない。だから、いくら昔が良かったからと言って過去の影響に溺れてはいけない。同時に過去にもし不幸があったとしても、それはその時だけかもしれないので、基本的には今必要な環境条件に自分を置くように努めているか、あるいは親がそうして置かしてあげているかということが、たぶん重要なのではないかというふうに思います。

　時間がありませんので、遺伝にとって教育とは何かという最後の話なんですけれども、ちょっとここでいくつか話を端折ります。遺伝と環境というのは状況によって違うんだという話で、1つだけ最近の研究で面白いものをご紹介します。これは双子の研究ではなくて遺伝子の研究で、これはこの話を誤解されると非常にまずいんですけれども、反社会的な行動、最近でも子どもが「キレル」とか言われるようになってきまして社会問題になっていますけれども、例えば非行、万引きとか暴力的な行動が出てしまったりとかそういうものをひっくるめて反社会的な行動と言いますけれども、じつはこれに直接関係するんじゃないかという遺伝子がMAOA(マオA)と言われています。ネズミだとか他の動物にこの型によって攻撃性がずいぶん違うということも言われてきて、人間ではどうかということを調べてみたところ、確かにMAOAの活動性が高いグループと低いグループを比較してみますと(図9)、平均的には低いグループの方が反社会的な行動を起こす割合というものが高くなるということが見られます。ところが面白いのはそれが単純に遺伝子だけで決まっているのではなくて、その人がどんな過去の経験を受けているか、この場合は虐待の経験を受けていることと実は絡み合っている。ここで3つのグループがあります。虐待に関係したグループを、全く虐待経験がないグループ、そしてちょっとあったらしいグループ、それからかなりシビアにあったグループというふうに分けてみます。すると、こ

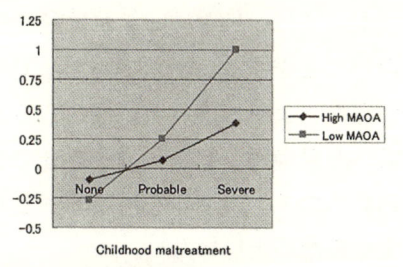

図9　composite index of antisocial

の遺伝子の違いが統計的にもはっきり表れて意味があるというのは、このシビアなグループではっきり出てくる。けれどもこの2つの場合というのはその差は基本的にないんです。これは何を意味するかというと、単純に遺伝子だけで決まってくるんじゃなくて、その遺伝子の違いというものが環境に対する敏感さを決めているということです。決めているというか、影響を与えているということです。ですから1つの見方として、もしこういったすごい虐待を受けている子でも、MAOAの活動性が高いタイプの遺伝子の人というのは、その影響というのはあまり強く受けない、ある意味では影響を受けにくい強い遺伝的な素質を持っている子どもということになります。逆にMAOAの低い遺伝的な素質を持っている子どもというのは、その子にシビアな環境さえ与えなければ決して問題のあるようなレベルにはならないということも意味するわけです。つまり遺伝だけで決まっているわけではなく、同時に環境だけで決まっているわけではなく、その両方が悪い方向に向かってしまうと「わっ」と出てきてしまうということで、遺伝も環境も両方とも考えなくてはならないと言うことは、教育のことを考える時にも1つの重要なポイントにもなってきます。つまり押しなべて人間に対して、どんな子にもいい教え方を探すことも必要かもしれませんけれども、それ以上にその子の素質にあった教え方というものがどういうふうになるべきかということを考えなくてはいけない。これは私や福永さんと共通の先生であった並木先生がこういうことをずっとやっていたんですけれども、基本的に遺伝の表れかたというのは環境によって違う可能性があるということです。ですから自分の遺伝的素質にあった環境選びというのが自分にとっても大切ですし、子どもに対しては親がいろいろなチャンネルを通じて子どもの素質に合った環境というものを探していってやらないといけない。

　それからもう1つだけ重要なポイントです。先ほども申し上げましたけれども、「子は親の鏡」とよく言われているわけで、親がXに振る舞うと子もXになるということなんですけれども、こいつもちょっと怪しいぞという話を最後にします。

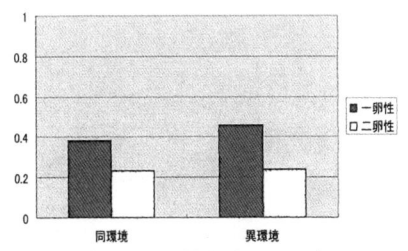

図10 子どもの「神経質さ」は親のせいか

もし子が親の鏡だったとしたら、子どもが神経質なのは親が神経質だからだということがもし本当だったとしたらば、一緒に育った双子と別々に育った双子の間には差があるはずです。もしこの通りであるとすれば、同じ親で一緒に育った一卵性、二卵性も含めて、その類似性は別々の違った親で、つまり養子に出された双子に比べてずっと似てなきゃおかしいはずですね。これの類似性を調べてみます（図10）と、同環境では一卵性は0.4程度、それに対して異環境ではずっと違った親に育てられているんですから、全然似てなくなるはずであります。ところが、類似性は若干高いというか、統計的には差がないのでほとんど同じです。それに対して二卵性は、同環境では0.2くらいで、この差というのははっきりしています。つまり、家族があるいはきょうだいが神経質さにおいて似ているのは環境が同じだからではなく、遺伝的な影響があるからだということです。これは神経質さだけではなくて、他の場合、幸福感、あなたはどれくらい幸福だと思いますかとか、あるいは逆境に置かれた時にどれくらい前向きに生きていけますか、という形で幸福感というものを調べて、やっぱり同環境、異環境の双子のデータを取りますと（図11）、同環境の一卵性が0.4くらい、異環境だったら、もし環境の影響で金持ちだったら幸せ、貧乏だったら不幸せという話だったとすると、違った環境で育てば全然似てないはずなのに、むしろ高くなっています。これも基本的にはさっきと同じというかかなり劇的に、これがまさに非相加的な遺伝、顔立ちの美しさの遺伝のように一卵性はすごく似てるのに二卵性というのはほとんど似てないというパ

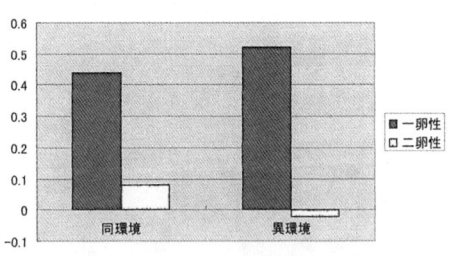

図11 幸福感は家庭環境によるか

ターンになってきています。ということは、少なくともこの教育というものは家庭環境の教育のことを考えた時に、親の育て方というのがどうかということが、そう簡単に子どもに機械論的に、子どもを神経質にさせないために親としていつも明るくふるまっていようとかいうような形で効いてくるようなものではない、ということです。

　この話というのは、ですから親というのは、一緒のところで育てようが別の親が育てようが、子どもの育ち方は影響を受けないということから、一昔前ですけれどもこのジュディスリッチハリスという人が書いた日本語では「子育ての大誤解」（早川書房）といいますが、そのことを中心にして親は本当に重要なのか、重要じゃないんだ、親なんか要らないという形で、アメリカの心理学界では今に至るまでかなり大きなテーマとして論争されます。日本では結局あまりにも子育て神話が強いのでこれ自体問題になっていないんですけれども、少なくともアメリカではこういった提起がされてかなり騒然とした話題になったんです。だから子どもの性格というのは親の育て方によって機械的に決まってくるのではなくて、当然家族ですから親の顔色を見たりとか、親の機嫌状態によって子どもの行動や受け止め方が違うのは当然ですけれども、これは決して機械的にこういう親だからこういう子になるという因果関係ではほとんど説明できない。じゃあどう見たらいいかというと、うちの子の場合はどうなんだろうかという目が必要だと思います。一般論として自分が明るい性格か優しい性格かというんじゃなくて、その子にとってどうなのかという見方が重要だというふうにいえると思います。ですから、一般的な子育てマニュアルというのはそういったところまでは対応していない場合が多いものですから、それに囚われてしまってはいけない。

CAT TAE

図12

そして最後なんですけれども、人間の素質とはどういうものなんだろうか。これは非常に雑な解釈ですけれども、きっとこんなもんなんだろうと。これは何か（図12）。こうやるとCATに読めますね。真ん中はAに見えてくると思います。ところがこうすると、THEに見える。これはHに見えると思います。つまりこれだけには意味がないんですね。これはさっき言った遺伝的素質は前文化的であると言ったことに関わってくるんですけれども、これ自体には意味がない。それにどういう環境が与えられてくるのかによって意味が浮き出されてきて、これを考えてあげているのが教育者であり親であるということです。そのときに、ここには無限の可能性があるわけですけれども、その子にとって一番輝けるような環境は何かということを考えてやる。遺伝子というのは決して病気の基になっているんではなくて、それ自体、人間自分自身を作っているものなので、この内なる自然を大切にしていくということが必要なんじゃないかという話です。

　ちょっと長くなってしまいましたけれども、一応これで私の話は終わらせていただきます。どうもありがとうございました。

福永　安藤さん、どうもありがとうございました。久しぶりに知的な刺激をたくさん受けた感じがします。知的な刺激というのは長い時間受けると麻薬のようになってくるような気もしますが、続いての講演に移らせていただこうと思います。

3歳児神話再考

日本橋学館大学人文経営学部助教
柴原　宜幸（しばはら　よしゆき）

福永　私から柴原宜幸さんを紹介させていただきます。柴原さんは慶應義塾大学博士課程を終えられまして、その後郡山女子大学短期大学部にお勤めでした。ご出身は大阪です。その後現在は千葉県にあります日本橋学館大学人文経営学部助教授としてご活躍です。ご専門は発達心理学なんですけれども、特に乳幼児の発達或いは子どもを産む、産んだお母さんの心理的な適応のようなことを一貫してご研究なさっておられます。柴原さんはある理由から4年ほど前からこの敦賀に年4回くらい足をお運びです。別に敦賀に素敵な人がいるというわけではありませんが、市内は自動車で自由に動けますし、本町にどんな飲み屋があるかもだいぶん詳しくご存知です。それでは柴原さんよろしくお願いいたします。3歳児神話再考です。

　拍手は緊張するんですよね。すっと入らせていただきたい。僕は生まれは京都ですけど、育ちは完全に大阪ですので、夏休みの海水浴は、若狭湾の方に行ったり和歌山の方に行ったりしました。いまだに水晶浜の水がものすごくきれいだったということを鮮明に覚えていますね。敦賀に何度も来ているのは、実は素敵な

人がいるんです。瀧澤先生（瀧澤助産院）という非常に素敵な方がいらっしゃいまして、そこで共同で研究をさせていただいているという経緯です。基本的に僕は仕事が大嫌いですから、こういう講演の話なんかも一切受けないようにしているんですけれども、酒の席でこの話を切り出されたのがミスでした。福永にやられました。OK出したものはしょうがないと。で、題名を聞いたら「3歳児神話再考」だと。「また考えるの？」という感じでした。けれども、あんまりぐちゃぐちゃ言っている時間が、実はあまりないんです。安藤さんはしきりに僕に謝罪してらしたんですけれども、皆さん方のほうで感じ取っていらっしゃるかもしれませんが、我々教員というのは性（さが）がありまして、真剣に聞かれると、あんなことも言ってやろう、こんなことも言ってやろうと、予定にないことまでべらべらべらべらしゃべるんですね。ですから、ちょっと長くなっちゃうということは、致し方ないことであります。調節するのは下っ端の私の役割でして、尻拭いとかそういう言い方は良くないんですけれども。

　まず、「3歳児神話」とは何ぞやという、そこのところから共通理解をしたいと思います。これは、別に学問的な定義があるわけではありませんので、人それぞれが、なんとなくこんな感じというイメージはお持ちかもしれませんが、とりあえず比較的ポピュラーなところでの「3歳児神話」という言葉の捉え方です。まず、3歳まではお母さんが育てないと駄目なんだ、そうしないとその後の子どもの発達に重大な影響があると。これが3歳児神話の1つの表れ方です。それから、3歳までに人生のすべてが決まってしまうというような、そういう捉え方をされている場合もあります。お母さんの手で育てないと子どもに悪影響が及ぶ、そしてそれが拡大解釈されまして、3歳までにその子の人生が決まってしまうというイメージです。そうすると、勢い3歳までの教育はメッチャ大事だよね、という話に発展しかねない。ただ、「神話」という言葉が使われています。「神話」という限りは証拠なんか必要ないんですね。これが絶対的真理であるという認識、それだけの話です。ですから、それをもう一度考えてみようというコーナーです。

それでは「再考」って何だということですが、再び考えるということですが、考える時には観点というもの、考え方が必要ですね。ここでは、今はあまり詳しくは申し上げませんけれども、1つは3歳児神話を見直すということです。3歳児神話というのは果たして妥当な見解なんだろうかということ、それをちょっと考えてみようと思います。ただし、我々は何か物事の是非を考える時に、どうしても白か黒かはっきりさせたがる。学生もそうです。授業で、「ここのところの考え方はこういう考え方もあるんだ。」と言うと、「どっちなんですか。」とすぐに食いついてくる。「テストではどっち書けばいいんですか。」と。人間社会での物事が、そんなに白か黒かきっぱりと分けられることはない。ですから、3歳児神話を否定するとか肯定するとか、そんな観点ではなくて、見直すということです。そして、その際に3歳児神話の中に含まれている、或いは3歳児神話を否定することに含まれている功罪、そういうものを考えてみたいと思います。そして、その中から3歳児神話が意味するところは何なのかということを、最後に僕なりの見解として申し上げたいと思います。これが今日の流れです。
　物事の本質を見ないですぐに判断してしまうということが、我々の中によくありまして、一昔前に、乳児にとっては環境刺激が大事なんだ、言語的な刺激というものが子どもの言葉の発達を促すんだということが盛んに言われて、テレビを見せて子守をするお母さんが一時期問題になった。さらにVTRみたいなものが普及しますと、ますますいろいろな店からビデオを借りてきまして子どもに見せる。言語的な刺激が必要であるという意味の本質を取り違えますと、そういうことになっちゃうわけですね。そこになんらキャッチボールが起こらない言語的な刺激を、いくら洪水のように与えても、それは単なる雑音でしかない。ですから、3歳児神話というものを考える時も、そこにある本質というものが一体何なのだろうか、ということを考えてみたいと思います。
　付け加えますと、最近「家族で食事を摂りましょう」と言いますね。「1人ぼっちで子どもに食事をさせないで。」みたいな。僕が外食していますと、確かに

家族みんなで来ています。そこだけ見ればほのぼのとした光景です。ところがちょっと困ったことに、親は2人とも携帯で遊んでいるというか、メールをやっている。子どもはポツンと座っている。確かに家族はその場にいるんだけれども、それが本質なのかと。違いますね、おそらく。そんなことを言いたいがために「家族で一緒に食事を摂りましょう。」と言っている訳ではないはずですね。このように、何か本質を取り違えた考え方をする場合があるので、そういうことを押さえておこうかなということです。

　これぐらいの速さで大丈夫なんでしょうか。というのは、うちの大学の学生は、これぐらいの速さでないとついて来られないんです。でも、いい学生たちが集まっています。本当にそうですよ。ほのぼのとして、外部から人が来ても必ず挨拶するような、基本的なことがしっかりしています。そんなことは、勉強をいっぱいできるよりもよっぽど価値があると思っています。ただ、スピードについて来られないというのがね。だいたい、僕は関西の人間ですから、ほっとくとどんどんどんどんテンポが速くなって、逆の作用になってくるわけです。僕が乗ってくれば乗ってくるほど、ついて来られる奴が少なくなってくる。余計なことでした。

　3歳児神話を見直すということに戻ります。まず、なぜ「3歳児」なのかと。「3」の意味ですね。この3歳児神話が1人歩きし始めたのは、おそらく、ボウルビーというイギリスの精神科医が、「マターナル・ディプリベーション仮説」というのを、授業の場ではないので細かいことはいいんですけれども、要するに、3歳までの母親の関わり方が非常に重要だということを提唱しました。施設なんかで、今の施設ではなく第2次大戦後の孤児院とかの施設ですけれども、そういうところで育てられている子どもの発達遅滞が非常に著しく見られる。或いは、非常にひどい場合には死に至ってしまうケースもある。それは一体なぜか、ということを調べろとWHOから言われたボウルビーが、それを調べていく中で、衛生的な問題であるとか、栄養面の問題とかそういうことではなくて、要するに、母性的な養育が欠如した状態、それが子どもの発達遅滞を生んでいるんだ、とい

うようなことを発表したわけです。それがきっかけとなりまして、「3歳」という数字が大きな意味を持つようになった。3歳というのは、発達心理学という学問の上では、だいたい出生後1.5歳から2歳までが乳児期、2歳以降から就学までが幼児期となりますから、乳児期と幼児期の前半という位置づけになるわけです。では、なぜ「3歳」なのか。これは、我々が一般的に考えた時に、子どもが3歳になりますと自分で移動できるようになりますし、言語的なコミュニケーションが比較的スムーズになってくる時期である。そうすると、そこで人間が変ったかのような錯覚を起こす。もうこれで安心だと、3歳までが重要なんだということになっていく。そこのところにも加担している「3」という数字だと思います。

それから、なぜ「母親」なのか。先ほど、ボゥルビーという人の研究に端を発したと言いましたけれども、ボゥルビーは、「母親」とは限定していなかったわけです。「1人ないし数人の主たる養育者」という言い方をしている。ところが、話が展開していくときに「母親」にすりかわっている。ただ、母乳が出るのは母親です。それから、母親が主たる養育機能を担っている家庭が多いというのも事実です。ですから、非常に人々に納得のいく説明になっていったわけです。それから、高度経済成長期に男を仕事に駆り立て、男性の男手の機能を有効活用するために、女性は家庭に帰って家庭をしっかり守りなさい、という政策的なこともはたらいているという指摘もあります。

そうしますと、先ほど申しましたように、3歳までが重要だということになると、どうしても早期教育ということを親の方は考えるようになる。なるべく早く、鉄は早いうちに打て、という感じですよね。その早期教育というのは一体何の教育なんだろう、ということを考えなければならない。つまり、何でもかんでも詰め込んでいけばいいのか、そういう発想で果たしていいのかと。これが、3歳児神話を見直すということです。

3歳児神話の負の影響ですが、まずは、母親だけにすべての育児責任があるか

のような誤解を生む。母親だけに育児責任が問われますと、お父さんや地域社会の大人も含めて、他の大人は育児に全く関わらなくていいんじゃないかという、そういう論理的な展開を示したりする。さらに、育児責任が母親オンリーになると、何か子どもに問題が生じた場合、母親が一人責任を背負わされる羽目になる。親の育て方が悪い、ならまだまし、母親の育て方が悪い、という形になっていくわけです。そうなると、お母さんのほうは自分にすべての責任がかかってきますから、これはもう育児に必死にならざるを得ない。孤軍奮闘せざるを得ない。他の子どもと自分の子どもを比較したりして、一所懸命、今自分の子どもの状態はどうなんだろうと、遅れているとか進んでいるとかの子どもの評価をし始める。そして、ちょっとしたことにも神経質になってしまって、そうすると、今度は母親としての精神的な健康というものが損なわれることになっていく。加えまして、3歳までの諸経験は取り返しがつかない恒久的影響を有するんだという、そういうような認識がありますから、お母さんは、子どもが3歳までに勝負を賭けなくてはならない。勝負を賭けなければならないんですが、お母さんは育児においては新米です。新米のお母さんが子どもが3歳までに勝負を賭ける、これはとてもじゃないけどできるはずがないですね。お母さんも試行錯誤する中で、少しずつ子どもとの付き合い方を体得していく、そういう時間的な余裕がなければ、うまく子どもに対応することはできないわけです。ですから、そういうことがますますお母さんを追い込んでいくということになる。

　今度は逆に、3歳までが重要だということは、3歳を越えれば何でもいいさ、みたいな発想もどこかしら出てきている。3歳を越えますと、すべての子どもがそうではないですけれども、幼稚園、保育所、小学校、中学校と、所謂集団での教育機能が始まって行きます。すると、親の方はその教育的機能を学校の方に任せきりになるというようなことが起こる。「私たちは3歳まできっちり育てたんです。あとはそちらで面倒見てください。」といわんばかりです。もちろんこれは、否定されるべきことなんですけれども。僕はよく地域のおじさんと飲みに行

くんです。飲みにいきますと、必ずカラオケ行こうということになって、2次会・3次会と夜中になってカラオケに行くんです。すると、最近のカラオケ屋さんにはご丁寧にキッズルームなんかがある。受付の前にあって、子どもを遊ばせておける。ちょっとしたおもちゃを置いて、ちゃんとした設備があるんですね。我々はオッサンですから、2時・3時にふらふらとカラオケ屋に行っても、別に自分自身は違和感を持っていない。ところが、行きますと子どもが遊んでるんですよ、夜中の2時・3時に、そこのキッズルームで。親は、中で歌い放題です。そういう妙なことが起こってきている。それがすべて3歳児神話の負の影響というわけではないんですが、どこかしら何か教育というものにおいて、その時期その時期に大切なことがあるという認識が薄れてくると、勢いこういうことにもなりかねない。

　ただ、3歳児神話をすべて否定してしまっていいんだろうかと。ちょっとややこしいですけれども、3歳児神話を否定することの負の影響についてです。それは、親としての役割意識の欠如につながる。3歳児神話を否定するということは、逆に今度は、母親の役割を軽視することにつながりやすい。お母さんだけが大事なんじゃない。これは3歳児神話を否定することになります。でも、お母さんは大事じゃないということを言っているわけではない。ここのところが、否定することによって落とし穴になっていくという面があります。お母さんの側はお母さんの側で、子どもの全責任は私が背負っているわけではないんだ、私には私の生きがいがあるんだと。お母さんが育児以外に生きがいを持つことは大いに結構です。お母さんの人生も豊かになりますし、お母さんの精神衛生が保たれることによって、またそれが、子どもとのかかわりにプラスの影響を与える可能性もあります。ところが、育児以外に生きがいがあるということと、育児は生きがいではないということを同列に考えてはいけない。やはり、どこかしら育児に対して生きがいみたいなものを感じること、無理やりに感じろといっても無理ですが、そういう子どもに対する考え方みたいなものが必要であろうと思います。それか

ら、子どもの発達に対して本当に重要なものが見えなくなってくる。これについては後ほどお話いたしますので、ああそうなんだ、くらいでいいです。

　それから、3歳児神話を完全に否定するということは、感受期を無視した見解である。つまり、発達にはさまざまな側面がありますよね。言語の発達だとか、身体能力の発達だとか、社会性の発達だとか、そういういろんな発達には、それに適した時期というものがある。秋刀魚で言いますと、秋に食えばおいしいです。春でも夏でも食えないことはない。でも、どうせ食うならおいしい時期に食おうじゃないかということです。今こういう時期に子どもとの関わりを持つことによって、子どものこういう側面が発達しやすいのであれば、その時期にそういうことをするというのが一番効率的ではある。もちろん、効率を追い求めるだけが育児じゃないですけれども、容易に子どもにそういう能力を発達させることができる。

　ですから、乳児期の子どもの発達にとって何が重要なのかと。そこだけ押さえられていれば、例えば、主たる養育者は母親でなければならないという主張にならないわけです。別に父親であってもいい。産みの親でなくても良い。子どもの発達にとって重要なこと。1つには、基本的な信頼感ということが言われています。これはエリクソンが言った言葉です。これはどういうことかというと、赤ちゃんの側が「この人に命を預ける」という、そういう感覚です。全面的に依存できる対象です。そういうものが必要になってくる。赤ちゃんの基本的信頼感の発達、ボゥルビーなんかは愛着という言葉を使っておりますけれども、愛着の発達の様相を見ておりますと、初め、生まれたての赤ちゃんというのは、誰が抱っこしてもあやすことは可能です。ですから、お盆かなんかに初孫を見せに行って、おじいちゃんおばあちゃんが抱っこすると泣くわけではなく喜んでいる。これは、何もおじいちゃんとわかっているわけではない。ところが、ある一定の人がその赤ちゃんと継続的に親密に関わっていく中で、赤ちゃんはその人を自分の信頼をおける人だというふうに判断する、と言うとちょっと言葉上違うかもしれません

が、信頼する人になっていくわけですね、そのある人が。そうしますと、皆さんよくご存知の「人見知り」という現象が起きてくる。「後追い行動」だとか。ありますよね、お母さんが台所で炊事していると、ハイハイしながら膝のところにくっついてきて、「あっち行ってよ。」と言っても聞かない「後追い行動」ですね。そういうものが見られてくる。そうすると、その赤ちゃんにとっては、その人がものすごく大事な人になったんだ、という1つの判断の基準になるわけです。合コンに行きまして、いろんな女の人がいて、自分に好意を持ってくれている、僕に優しい、この人に決めた、みたいなものですよ。そうこうするうちに、その人との間に親密な関係が生まれる。すると、しばらくはくっついていたいわけですね。一生離れない、みたいな感じで。ところが、その人がある程度信頼できてくると、ちょっと距離を持って接していてもあの人は浮気しないんだとわかる。そんなに年がら年中ベタベタしている必要はなくなってくる。赤ちゃんの愛着というものの発達も、最初はものすごく行動に出てきますけれども、養育者が自分から離れて行っても、いずれ自分の所に戻ってくるとわかってくる。そういう経験を、日常的に何度もしますよね。養育者だって、年がら年中赤ちゃんとくっついているわけにはいかないですから。そうしますと、養育者から離れて自分なりの探索活動を盛んに行っていくようになる。そういうような発達の様相が見られている。そういう基本的な信頼感を寄せる対象、これが必要であるということです。

　それから、そういうかかわりの中で赤ちゃんの側に「自尊感情」だとか、「自己有能感」というものが育ってくる。「自尊感情」というのは自分で自分を尊敬する感情、つまり自分は大丈夫なんだと。皆自分の存在を肯定してくれている。ここは安心できる場所なんだと。自分は安心できる場所に住んでいるんだ、とそういう感覚です。この「自尊感情」が全くなければ、僕は今ここに立てないです。いつ殺されるかわからない。誰もそんなことはしない、とりあえず、今ここで僕は受け入れられているかどうかはわからないけれども、手をかけるところまでは

殺られないだろうという安心感があるから、今ここにじっとしていられる。ただ、大学の授業で僕は板書しないんです。背中を向けると殺られるかもわからないから。次に「自己有能感」ということ。自分ではこんなこともできる、あんなこともできる。現実にできるかできないかではない。子どもですから、実際にできることはものすごく限られていますけれども、自分でできるんだ、やるんだというそういう気持ち、それが、所謂「反抗期」と言われる現象につながっていく。冬の寒いときの風呂上りに、早くパジャマ着せて寝かせたいんだけれども、「自分でやる。」と言って3分も4分もかかってやっている。とにかく自分の力で自分のことをやっていく、というそういう気持ちですね。そういうものが育っていく。

　それから、親も発達する存在であるという認識、つまり、親も一定の存在ではなくて、赤ちゃんの発達に呼応して親自身も発達していく。それが子どもの発達に重要です。ですから、親の側も、例えばお母さんが赤ちゃんを産むと、新たな世界、新たな生活に入っていくわけです。スタートの段階では、産んだお母さんも大切にされ尊重されるという経験をしていく必要がある。そこから初めて自分の育児というものに入っていける。このあたりは今研究中のところなんですけれども。なかなか仮説としてはいいんですけれども、どうやってこれを抽出するんだというところで躓いているんです。3年ぐらい躓いてます。

　3歳児神話というものをどのように再考するのだということでした。先ほどの安藤さんの話とリンクしますが、自分の子どもであっても自分とは違う存在である。マニュアルどおりに育っていく人間なんかいない。いくら周りの大人が理想像にしがみついていても、持っている素養というものが違いますね。ましてや育児書どおりになんていかないです。育児書通りにいっている子どもを考えた方が気持ち悪いかもしれない。「育児書通りだよ！？」という驚きしか出てこないですね。ただ、何が重要なのかという価値判断だけはしておかなければならない。ここで申し上げたいのは、子どもが安心していられる場所、子どもというのは乳児の話ですけれども。それから楽しく交流できる人間関係、これが非常に大事で

あるということです。そういう環境を準備する、用意する、提供する、それが親の役割の第1歩目ではなかろうかと思います。「3歳」という数字に振り回されていては、これはなかなか実現できない。「3歳」という数字に振り回されている、イコールこれがもうマニュアル化した考え方ですね。今、自分の子どもがどういう状態なのか、私が多少離れていても大丈夫になってきたのか、あるいは、しっかりと自分に信頼感を寄せてくれているかどうか、そういうことを自分の子どもを見ることによって判断していく。何歳だからこう、何歳だからこう、という割り切り方ではない。人間にはそのつど重要なことがあります。例えば、これは精神的なところというよりも身体的な面ですけれども、汗腺てありますね、汗が出るやつ。この汗腺が、あるものの本によりますと2歳半ぐらいで発達が止まるらしい。2歳半ぐらいまでに、実際に機能しているのは能動汗腺というらしいんですけれども、それの数はもうストップしちゃう。その数に影響しているのが、その時期の環境にあるらしい。どうやら、ずっとクーラーをつけている家庭で育てるとその汗腺の数が伸びない。そうしますと、その後成長してからも非常に新陳代謝が悪いことになりますよね。というように、その時期その時期に大事なことというのがあるわけです。

　この乳児期の間に、ここだけ押さえておきたいというのは、僕は「自尊感情」と「自己有能感」ではないかと考えているわけです。「自尊感情」或いは「自己有能感」、そういうものがきっちり育っていれば、子どもは自ら外界に探索していく、そういう好奇心は元々生まれ持ってきているわけです。ただ、それを発揮するか発揮しないかといった時に、自分が守られている、そして何か困ったことがあったらここへ帰ってきたらいいやという安全基地みたいなものが育っている子は、しきりに探索活動を行う。そうしますと、それだけいろんな環境刺激に出会うことになりますね。いろんなことに対して、自らやろう、やってみようという気持ちも強くなっていくわけです。じゃあ3歳までにそういうことができなかったらどうなるのかというと、人間には可塑性があるといわれています。つま

り、取り返しのつかないことなんて、まずないだろうということです。ただ、可塑性は、自然に発揮されるのではなくて、やはりその前には意図的に多大な努力をする必要がある。ですから、先ほど言いましたように、一番気楽にできる時期にそれを形成しておけば、後でそんなに苦労することはない。

　この講演を終るにあたりまして、これだけは押さえておいていただきたい。3歳までが重要なのではなく、3歳以降も重要です。育児に重要でない時期なんてないんです。ただ、3歳までの子どもへの関わり方というのは、それ以降と基本的に異なるということ。どう異なるのか。ちょっと感覚的な言い方ですけれども、3歳までは内側へ内側へ、3歳以降は外側へ外側へという関わりになっていく。ただ、逆説的ですけれども、内側へという働きかけがなければ外側へは出て行かない。人間は機械的な存在ではないですから、外側へ出したければ何でもかんでも外側へ出しておけばいいというものではない。まず土台を作る。この土台ができると、子どもはおのずと外界に向かって関心を広げ進出していく、探索活動を盛んに行うようになっていく。それがまた新たな環境刺激となって、知的な発達に結びつくかもわからないし、社会性の発達に結びついていくかもわからない。

　そうしますと、今度はしつけを無視していないかという話になることがあります。子どもの要求にしっかり応えてあげる、そういう関わり方が子どもの安全基地を作っていくわけですから、しつけはその後の問題でいいよ、という非常に乱暴な言い方ですけれども、ただ、この基本的な信頼関係というものがしっかりとできていれば、子どもは親の言うことを容易に聞きます。簡単に聞いてくれます。ですから、しつけということを急ぐ必要は何もない。まず、関係をしっかりと作る。それからしつけのことはゆっくり考えようという、そういう私からの主張です。なんか青年の主張みたいになりましたけれども。

　私がこれだけのことはしゃべろうと思っていたことは、すべて吐き出しましたので、あとは、ご質問等があれば、そのつどもう少し詳しくお答えできることもあろうかと思いますので、これで終わりにさせていただきます。どうもご清聴あ

りがとうございました。
福永　柴原さんどうもありがとうございました。

3歳児神話再考

日本橋学館大学
柴原 宜幸

3歳児神話とは？

- 3歳までは母親の手で…
- 3歳までに人生の全てが決する

再考とは？

- 3歳児神話を見直す

3歳児神話否定の功罪

- 3歳児神話の意味するところ

3歳児神話を見直す

- 何故3歳なのか？
- 何故母親なのか？
- 早期教育は何の教育か？

3歳児神話の負の影響

- 母親だけに，全ての育児責任があるかのような誤解
- 3歳までの諸経験は取り返しがつかない恒久的影響を有するという認識
- 3歳までを乗り越えれば，あとは野となれ山となれ

3歳児神話否定の負の影響
～実はこれが重要～

- 親としての役割意識の欠如

- 子どもの発達に対して，真に重要なことが見えなくなる

- 臨界期・感受期の無視

子どもの発達にとって重要なこと

- 基本的信頼感

- 自尊感情・自己有能感

- 親も発達する存在であるという認識

3歳児神話をいかに再考するか

- 自分の子であっても自分とは違うし，マニュアル通りに育つ人間はいない

- 人間にはその都度重要なことがある

- 「可塑性」は自然がなせるものではなく，多大な努力がそれを可能にする

この講演を終えるにあたって...

- 3歳までが重要なのではなく，3歳までの子どもとの関わり方は，それ以降と基本的に異なる

パネルディスカッション

パネリスト
安藤　寿康
柴原　宜幸
龍谿　乘峰
（敦賀短期大学助教授）

コーディネータ
福永　信義

福永　時間の関係で途中2回休み時間をとろうと思ったんですけれども、このままパネルディスカッションのほうに入らせていただこうかと思います。机等を動かしますので、少しお時間をいただきます。

福永　何がなんでも17:00には終了と申し上げましたけれども、少し延長するかもしれません。ご用事のある方はどうぞご遠慮なく途中退席していただいて結構です。それではパネルディスカッションに入りたいと思います。柴原さんと安藤さんはもうご紹介いたしましたので、私の隣の龍谿さんだけ。本学で私同様心理系の科目を担当しております。ご専門は家族心理学ですとか、家族カウンセリングで、きっとこの中にも龍谿先生のカウンセリングを受けられたり、或いはご講演を聞かれた方がたくさんいらっしゃるのかなというふうに思います。

　今お2人のご講演を伺いまして、何というのか、本当にこのお2人をお呼びしてよかったなとつくづく自分の目に狂いはなかったと自画自賛しています。そういうふうに思うと同時に、安藤さんが最後に書かれたHにも見えるしAにも見えるしという、CATの中ではAにも見えるし、THEという定冠詞の中では

Hにも見えると言うあれを思い出しました。と申しますのも、お2人とも非常に知的で論理的でそして説得力があり、またユーモラスに語っていただきました。ですけれども、その同じものではあるけれども、安藤さんという東京の文化圏の中に置いたものを、柴原さんという大阪の文化圏の中に置くと、また違って見えるというのか、別に東京と大阪を対比させようと思って来ていただいているわけじゃないんですけれども、面白いなというふうに感じました。

　時間も余りありませんので、まずはご講演の中で、もうちょっと詳しく、或いはこの辺がちょっとよく頭にすっと入ってこなかったとか、そういうことが両先生の講演の中でありましたら、御質問を受けようと思うんですが、どなたかいらっしゃいますか。もうちょっとこの辺が詳しく知りたかったなとか。特にございませんか。こういうところで手を上げるのは勇気がいるというか、外向性のある方でないとなかなか難しいのではないかと思うんですけれども。ございませんでしたなら、講演していただいた安藤さんと柴原さんの順にもう一言加えておきたいことがございましたら、ごく簡単に加えていただきたいと思うんですけれども。安藤さん、如何でしょうか。

安藤　すでに時間をかなり超過して話をしてますので、これ以上新しい情報を出すのは差し控えたいと思います。柴原さんのお話を聞いていて、特に3歳までのところを境にして内側から外側へというのは、感覚的にすごくよくわかるのですが、そこをもうちょっと、もうひとつ言葉を加えてほしいなという感じがしましたので、それをお願いします。僕のほうが質問してすみません。

柴原　内部構造から外部構造みたいな？よけいわからないですか。ちょっと別のことも含めましてお話します。赤ちゃんは五感を備えて生まれてきます。視覚も聴覚も嗅覚も触覚も味覚もです。赤ちゃんの顔の特徴、或いは姿かたちの特徴というのがありますよね。漫画を描いてみて、「これは赤ちゃんに見える」と言わ

れるか、「これが赤ちゃんか」と言われるのは、きっちり特徴を捉えていればこれは赤ちゃんに見える、捉えていないと赤ちゃんには見えないということですけれども、赤ちゃんの顔の大きな特徴として、比較的丸い顔の真ん中辺りに丸い眼がある。上の方に行きますとちょっと大人びた顔になりますね。隣の方を見て眼がどの辺にあるかを見ていただいて、真ん中辺りにある方は可愛いなという感じを持ちますし、上の方にある方は美人だなという感じを持ちます。どちらにも該当しない場合もあるんですけれども。

　その赤ちゃんの顔の特徴を見て、我々は可愛いなと感じる。可愛いなと感じましたならば、何か声をかけてみたいとか、ちょっかいを出してみたいとか、ほっぺたつねるとか、頭なでてみるとか、ちっちゃな指の先いじってみたりとか、何か赤ちゃんに対して反応したくなる。さらに赤ちゃんに声をかけるとき、我々は自然とトーンが高くなる。ドスを効かせて赤ちゃんに語りかける人はいない。こういうふうに赤ちゃんに声をかけるときの特徴があるわけです。それは意識しているわけではない。自然にそうなるんです。赤ちゃんもそういう顔の特徴を持って生まれてきて、そういう大人の反応を引き出している。大人の側も発達の途上だと考えられますけれども、そういうふうに赤ちゃんへの関わりが無意識に行われるようになっていく。するとどうしてそんなことがメカニズムとして備わっていなければならないのか、ということを考えた時に、人間にとって人間関係がいかに大事かということです。

　その昔武田鉄也が「人」という漢字は寄り添ってできていると、そういうようなことを言っていたらしいですけれども、ですから乳児期まではその人間関係の基礎が出来上がる時期です。そしてそれを基礎にして、また別の人間関係を発展させていく。もちろんこれは単一の理論で、そういう考え方もありますし、いろんな人間と異なる種類の人間関係を構築していくんだという、社会的ネットワーク理論と言われるものですけれども、そういうものもあるんですけれども、今のところ主として発達心理学のほうで考えているのは、ある特定の人との関係、そ

れを基礎にして別の関係を作っていくという考え方ですね。ですから、先ほど内側と言ったのはその基礎となる、土台となる人間関係を作るプロセスであり、外側にと言ったらそれを元にして新たな人間関係を作っていくプロセスであるという、そういう意味です。

福永 ありがとうございました。龍谿さんにお2人のご講演を聞かれての感想、あるいはもう少しこの辺はどうなのかなあといった疑問点や質問点がありましたらお願いできますか。

龍谿 皆さん、こんにちは。先ほど12時から1時頃まで打ち合わせをして、反対の立場で何か質問してみようかとか、私もこの席に座らせてもらうんですから1つや2つ質問しないといけないなと思っていたんですが、お2人のお話に聞き入ってしまって、そんなことはもうわからなくなりました。今日は皆さんも私もこのお話を聞かせてもらって本当にラッキーだったなあと思います。もっと早く聞いておけばよかったなというのではなく、今聞いたことでこれからできることはたくさんあると思います。私ももう孫ができて、今日も来ているんですが、また今から子どもをもうけて育てたいなという思いになりました。浮気するとかそんな意味じゃありませんよ。安藤先生のお話は非常に元気が出ましたし、自信を持ってこれから自分の子や孫や自分の教育活動ができる、家族心理学や家族カウンセリングをしているんですが、それにもっと積極的に自分を生かしていける、そんな元気をいただいたと思います。何でも決めつけちゃいかん、あきらめてはいけない、偏っちゃいけない、逃げちゃいけないと、そんな気持ちを今日は力強く引っ張り出してもらえたと思います。いろいろお話を聞いていまして、似ているということは同じではなく、違うということは別々じゃないんだということもなんとなくわかりました。

　家族カウンセリングでよく大事にしていることで、Here And Now という

言葉があります。今、ここ。過去のことにこだわらず、今、ここのことが大切だと、そしてここから先にどう1歩を踏み出すかというのが、私達のカウンセリングの重要な部分ですが、Here And Now というそういう概念を非常に大事にしています。今日まさにそれを実感として感じさせてもらいました。私達は行き詰ると遺伝のせいだとか、親のせいだとか、そんなことに逃げ込んでしまっていることがよくあります。けれど今日からはそうしなくても頑張っていけそうな気がしました。

　先ほど仏教の話をしておられましたが、私も寺の住職をしているんですが、お釈迦さんが生まれられてすぐに「天上天下唯我独尊」と言われた。どこを探しても私という人間は一人しかいないという意味ですが、今日安藤先生の話を聞かせてもらって、まさに何千年も前の言葉が今ここに新たにあるんじゃなくて、受け継がれてきた意味があるのかなというふうに思います。ところが悲しいかな、今は親がなくても子は育つというのはよくわかりましたが、親がなければ子が育つといわれる感じになって寂しい気がします。

　そして柴原先生のお話は、私達の枠を大きく変えてもらったような気がします。偏っちゃいけないということ、本質がちゃんとわかるということ、表面的なものに左右されずに本質的なものがちゃんとわかればやっていける、ということがよくわかったと思います。柴原先生には失礼ですが、今日は皆さん漫談か落語を聞いておられるように感じられたと思いますが、漫談や落語や漫才は元々は仏法を知らせるための1つの方法だったんです。浪花節も。あの方が私達も聞きやすい。そして頭に残る。そういう方法があみ出されたんです。その前には節談説教（ふしだん）というのがあります。今日は、腑におちるという言葉がありますが、私も顔を見ながら板書しないと言う彼の表現は、教育者として深い意味を感じたんですが、殺られると言う意味ではなく、書いている時間も惜しくて真正面から彼は学生に取り組んでおられるんだろうなと感じたんです。私達も板書するときは何か逃げている感じがあるんですね。前に高校にいたんですが、教室の後ろでトラブルが起き

ると板書を始める自分がいて、なんとなく関わりたくないとか、知らないふりをして逃げてしまうという、行き詰ると板書して立て直すということをやってきた自分があるから、今日はすんなりと入っていけました。本当は今日おられる方への話というよりは、今日ここに行きたくないと思っておられる方に来ていただくのが一番いいかなと思いました。話しながらオウム真理経のヘッドギアでも開発しようかなと思うお話がすんなりと入ってきました。

　取り立てて質問というのはありません。私もいろんな勉強をさせてもらって、柴原先生の最後の言葉の中に、共育ちという、共に親も子も成長していくという言葉がありました。私は親が子を育てるということよりも、子が親に育てられるということが先行しているようにいつも感じてきました。私達は子どもに育てられているんだなと、そんな感覚のほうが先に持てるといいなと思っていたんですが、講演を終るにあたってというあのことが、先生のすべてのことをまとめたもので、私達も非常にいい示唆をいただいたなというふうに思っています。本当にありがとうございました。

　時間が3、4分前になりましたけれども、皆さんの中にもご質問やご意見をおっしゃりたい方がいらっしゃるんじゃないかと思うんですが、遠慮しないでおっしゃっていただきたいと思うんですが、如何でしょうか。

参加者Ａ　遺伝の話なんですが、運動神経も親から遺伝するんでしょうか。

安藤　実はよくわからないんです。音楽的な才能とか運動神経というのは、とりわけスポーツマンとかミュージシャンになろうとしている人達が、自分には本当に素質があるんだろうかと考えるというのはすごく切実な問題であって、研究テーマとしてはすごく面白いはずなんです。けれどもちょっとご想像いただきたいんですが、私達のパーソナリティの研究というのは、800組の双子のデータを取ってやっていただいているんですが、それくらいがないと遺伝の影響力という

のは正確に見積もれないんです。性格というのは性格検査を紙でやってもらえればできるんですが、運動能力や音楽の能力となると800組の人たちに学校に来てもらって、「さあ走って」ということはできないという、ただそれだけの技術的な理由だけで、ものすごく面白いテーマでありながら、科学的にアプローチできていないことが実はすごくたくさんあるんです。

　ただ、断片的な研究というのはあります。先ほどの短距離競争とか徒競争なんかに関して、少ないサンプルでいった場合というのは遺伝の影響というのはある程度あるんですが、それと同じくらい、30％と30％くらいで遺伝の影響と家庭環境の影響というものがやっぱり入っています。遺伝的な影響というものはさっき言いましたように、所謂 polygene、たくさんの遺伝子が関わってきているのであり、瞬発力遺伝子とかマラソン遺伝子とかいうものがあって、それを受け継げばパワーが出てくるというものではないんです。だけどアメリカでは双子の研究ではあるけれども、ボートの選手で素質のある双子を選んでその2人をチームにしてやらせると、2人とも同じようにして伸びていく。これはスキーの荻原兄弟とか、あの2人を見ているとどっちかが秀でているように見えますけれども、考えてみたらもっといろんな人たちがいる中であそこのレベルで競い合っているわけですから、基本的にはほとんど同じ素質を持っているわけですよね。

　特に、スポーツや人間の文化的な巧緻なレベルのものもそうですけれども、1つの素質で決まるわけではなく、おそらくいろんなものが揃っていないと一流になれない、少なくとも高い能力を発揮できない、そういったものが全部恵まれている人というのはものすごく少ないわけなんです。けれども、そういったものを一揃い持っているというか、必要なものはどれくらいのものを持っているのかという基本的なところは、ある程度遺伝的なものはあるんじゃないかと思います。長島さんの例はいい例なのかわかりませんけれども、それだって一茂は普通の選手よりは優秀だと思うんですけれどもやっぱりお父さんのようにはならなかったというのは、まさに顔の遺伝と同じでパーツパーツはかなり似ているんだけれど

も、やっぱり全体としてはひょっとしたら役者さんのほうが合っていたという素質だったのかもしれない。シュワルツェネッガーもあるところまではスポーツマンや俳優として活躍し、今は政治家になっていますが、俳優としては今ひとつダイコンだと思うんですけれども、彼が政治家として才能を発揮したのかはわかりませんが、非常にトータルなものの動きというのは簡単には予測できないけれども、その人の持った持ち味というのは非常に出てくる。そしてそれは遺伝的なものはあると思います。あまり具体的な答えでなくてすみません。

福永 他にどなたかいらっしゃらないでしょうか。せっかくの機会ですので。

参加者B 今日の講演の内容に関係する本があったら紹介していただきたい。

柴原 本というと今ぱっと浮かんだので、福村出版というところから「乳幼児発達心理学」という本が出ておりまして、非常に簡明に書かれている本です。なぜそれが浮かんだかというと、僕もそのうちの1章を書いているので。これでちょっと印税が入るかなと。

福永 あとはおせっかいながら、安藤さんのご本でも今日のご講演の再三再四の繰り返しではないですけれども、「心はどのように遺伝するか」という御著書が講談社のブルーバックスシリーズから出ておりまして、非常にわかりやすい内容だと思います。他にもそれぞれの先生には専門書がたくさんあると思います。

安藤 水を差すようですが、まさしく我々2人マニュアル本に捉われる事のないことばかりやっていますので、ご期待に沿えるかどうかはわかりませんけれども。

柴原 1つ申し上げておきたいんですが、子どもが保育園へ行き、また近くの公園で遊ぶようになると、それをベースにしまして少しずつ仲間との関係、リレーションと言ったりしますけれども、それが集団保育の中で、または近所の子ども達との中で、ごっこ遊びだとか1人遊びだとかという形に進歩していく。当然その中でケンカということが起こりますね。と言うのは、その時期の子どもというのは心理学では自己中心性と言ったりするんですけれども、相手の観点から物事を見ることができない。ですからうちの子どもなんかもその時期そうでしたけれども、自分で絵本を見ながら向かい側に座っている僕に「これなあに」と聞く。見えるはずないですよね。自分の子どもながら「ばかか、こいつは」と思いましたけれども。つまり自分が見ている世界を相手も見ていると、そういう捉え方をしてしまう。ですから当然ケンカは起こるわけです。ただ最近は公園なんかで見ているんですが、ケンカになりそうになると、親が即座にストップかけているんですね。傷つけてはいけないとか、親の方は親の方でそれぞれ人間関係もありましょうし、しがらみもあるでしょうし。ただ、ケンカというのは子どもにとっては非常に大きな学習の機会である。ですから幼稚園なんかへ行って、みんな仲良くしましょうなんて書いてあるのを見ると、僕はみんな仲良くしないほうがいいよなという反応をしてしまうんです。適度にケンカをし、もちろん相手を傷つけるようなことになったらストップかけなくちゃいけませんけれども、やはりケンカをしていく中で学んでいく。相手には相手の観点があるんだとか、自分とは違う考え方をする奴がいるんだとか、そういうことを学んでいくわけですね。ですからお母さんにとりましたらやはり大変ですよね。勝手に遊んでいてくれたら楽ですけれども、やっぱりそこには大人の適切な介入の仕方が必要である。その点、幼稚園とか保育園とかの先生はプロですから、どのタイミングで介入していったらよいかというのは、皆さんプロだから体得なさっていると思います。

　少し脱線するのかもわかりませんけれども、しつけということに関して1つだけ申し上げておきたいのは、基本的に自尊感情とか自己有能感とかが大切だと

言いましたが、それの塊になるとこんなクソ生意気なガキはいないわけです。自分は偉いんだ、何でもできるんだという、そんな世界で生きているわけです。そういう世界だけだとやはり世の中に適応していけない。やはり社会的なことを学ぶ必要がある。社会性を身に付けなければならない。そういうときに我々はしつけと称して子どもを引っ張りまわすことになるんですけれども、僕が1番しつけの基本だと思っているのは、子どもにこういう行動をとって欲しければ、その前に親がそうせよということなんです。子どもというのは如実に親の行動を観察し、それを学習し、それを模倣する。ですから子どもに「ゴミはゴミ箱に捨てなさい」と言いながら、自分はそこら中にぽいぽいぽいぽい放ってたら、これは言ってることとやってることが違うわけで、子どもにとって適切な学習機会にはならない。ですから基本としては、まず親が襟を正しましょうということです。ただいつまでも親が襟を正す必要はないわけです。子どもが自分なりの判断ができるようになったならば、親は適当にちゃらんぽらんの方がいいかもしれない。うちなんかそうです、完全に僕を反面教師にして、勝手なときだけ遺伝を持ち出す。高校生なんですけれども、数学20点取って「親父に似た」。僕は以前2点とったことがあるという話をした。数学まで遺伝するかという話をしたんですけれどもね。脱線しましたけれども、子どもの発達の段階によっていつまでも親が襟を正していたらこんな窮屈な家庭はないわけで、ただ、その時期には親らしい、社会生活を営む上でのルールをしっかり守った行動が必要です。

　僕は学生にも「子どもが交差点に立っていたら、絶対に赤でわたるな」と言っているんです。それは我々大人は赤信号で渡るときでも、車のスピードとか、いろんな状況を判断して行動ができますから、それで死ぬというのはよっぽど判断ミスが起こったか、自信過剰だったか、車がスピード上げたかとかいうことが考えられます。ただ子どもの場合はそんなに細かな判断は効かないで、すぐにポッと飛び出してしまう。お母さんがよく信号のないところで子どもの手を引っ張って「早く早く」と走っているのを見てものすごく危険を感じますね、その時の危

険じゃなくて。ですから子どもは大人を観察しているという、そういう意識だけは僕は持っていただきたいと思っています。そしてそのことを学生にもしきりに言っております。ですからしつけの基本としまして、僕はしつけは後からでいいよということを先ほど申し上げましたけれども、それまでにしつけの意図がなくても、親はきっちりとした行動をとっていれば子どもはそういう行動を身につけていってくれる、ということがあるからです。なんか質問の答えになっていましたっけ。

安藤 今のお話の親の背中を見て子どもが育つというのは、僕の双子の研究の中では、親の影響というのはなかなか出てこないんですよ。環境の影響があるとすると、さっき言った非共有環境しかないんだけれども、そんなはずないだろうとやっぱりどこかにあると思っていて、調べてみたら特に子どもがどれくらい読書が好きになるかということに端を発して、親が直接読み聞かせをしてあげるとか、図書館に連れて行ってあげるとかで本を与えてあげるといったことよりも、親自身が本当に本が好きかということが圧倒的に、遺伝ではなくて家庭内の環境の要因として子どもの本好きに影響を及ぼすということがあります。ただスポーツや音楽ではなかなかそういうことはきれいに出てこなかったんですが。でも親の背中を見て、ということは実証的にも出てくるんだろうなと思います。それから数学の遺伝というのは、日本の場合にはほとんどないです。ですから堂々と「お前は間違っている」言ってやればいいのではないかと思います。

福永 他にどなたか。

参加者C 柴原先生にお聞きしたいんですけれども、ボゥルビーのお話が出て、そのときに3歳までの母親の関わりが必要だということで、衛生とか栄養とかが欠如した時に母性をすごく打ち出すことが必要だというお話の時にボゥルビー

さんが出てきたんですけれども、私の認識違いかもわからないんですけれども、ボゥルビーは初めて養育者となる人を認識した、カルガモなんかが初めて見たものから餌をもらうとか、親として後をついていったりして、初めて会った信頼できる人がすごく大事で、その人をアヒルはボゥルビーさんを親として認識したのではなかったでしょうか。私の中では母親の関わり方が必要とボゥルビーさんは結びつかないと言うか、基本的な信頼関係というのは最初に会ったその人、例えば熊が生まれて始めて餌をもらった人間を認識するというふうに捉えていたんですけれども、違うんでしょうか。

柴原 ええと、20％正しいです。正しいのは外人であるということです。別に意地悪言っているんじゃないんですけれども。今、おっしゃった「刻印付け」という現象を発見したのは、ローレンツという人でありまして、ボゥルビーとは違います。ボゥルビーは施設児の発達状態が非常に悪いということで、栄養、衛生を改善するということをやったにも拘らず、一向に発達の改善が見られない。そこで保育者の数を増やした。そうすることによって、格段に発達状態が良くなった。つまり、1人の保育者が面倒を見る子どもの数が多いと、それだけ1人の子どもに対して適切な対応ができなくなる。孤児院ですから母乳をやるわけにはいかないので、ミルクをやるにしても機械仕事みたいに口に哺乳瓶を突っ込んでいくといったような関わりでしかない。ミルクをやるときに言葉かけをしたりとか、そういう機会もあんまりない。保育者の数を増やしますと、保育者1人あたりの子どもの面倒を見る数が激減する。そうすることによって、関わりが密になったことによって発達が改善されたのではないかというように考えて、要するに発達の状態が悪かったのは母性的養育の欠如だと、そういう理論展開をした人です。

福永 よろしいでしょうか。だいぶん時間をオーバーしましたが、お2人とも東京まで帰られますのでこのあたりで締めさせていただきたいと思います。今日は

駄目なコーディネータですけれども、一言二言感想を述べさせていただきます。本当に私も蒙を啓かれたといいますか、モノの見方、角度が変わったような気がします。特に遺伝ということに関して、どこかで私も親によって子どもが決まる、その決まるということの考え方というものがどこか抜けずにいたのかなというところがあります。今日安藤さんにお話いただいたのは、遺伝観の転換ということなんだろうなと思います。私達につきまとう遺伝のイメージというのは医療の方から来るものがやっぱり強いんでしょうね。遺伝病とかそういうことがあるんでしょうけれども、そうではなくて、ここで過去の栄光に囚われるなと、いろんな言葉がありましたけれども、安藤さんがおっしゃったように遺伝的な素質に名前があるわけではなくて、それに意味を付与して行くのは環境であるということですよね。

　それから遺伝の持つ多様性の素晴らしさです。1人ひとりがみんな違うんだということの多様さというものを感じるとともに、教育に携わる者はいかにして環境とか教育側の働きかけの多様さを保証していくかということが、今後重要になってくるのかなという気がいたしました。1人ひとりの「今ここで」ということを大切にしていくということが、その子どもの素質を大切にしていくことになると、どうやって1人ひとりを大切に適切な環境を与えていくかということを考えなくてはいけない時代になってきているんだと思います。

　私達は学校教育の歴史を100年ちょっと持っていますけれども、そこに求められていたのは1人ひとりを大切にするということではなく、結局は効率よく集団をあるレベルまで持って行くということだったんだろうと思います。もっとひどい言い方をすれば、エリート選抜システムであるとかですね。そうではなくて、1人ひとりの多様さにどうやって応じていくかということが問われるのだろうなということを、個人的には感じました。

柴原さんのお話はとても面白くて、先ほども漫談のようにわくわく聞くような気がしました。3歳児神話といった時に、それを否定するのでもなく肯定するので

もなく、その中の何が大切で、何がそうでないのか、そこのところをきちんと見極めて対応していけばいいんだという、なにかお2人のお話を聞いていて自信が出てきたというのか、自分もこれからやっていけるぞという自信がついたような気がします。

　今日は来てくださった皆さんも私と同じ思いを抱かれているのではないかなと思います。お2人には今日は本当に遠いところを敦賀まで来ていただきましたが、柴原さんは今後もご縁があって敦賀の本町の方へ足を運ばれる機会も多いと思いますが、安藤さんもこれを縁になにかの機会に敦賀の地、あるいは敦賀短大の方で今日の続き、ポストゲノムの研究がどんなふうに展開していくのかということを、聞かせていただけたら嬉しいと思いますので、どうぞ末永く敦賀とお付き合いいただければと思います。

　それでは私の話は終わりにしたいと思います。この若狭湾沿岸地域総合講座は毎回冊子になっております。今回の「遺伝と教育」の講座も同じ様に冊子という形でいずれまとめさせていただきますので、書店等で見かけましたら思い出していただきたいと思います。それでは長時間にわたりましてありがとうございました。長い時間お付き合いいただきましたことを心から御礼申し上げて、この講座を終わりにしたいと思います。どうもありがとうございました。お2人の先生に最後に大きな拍手をお願いいたします。

パネルディスカッション

若狭湾沿岸地域総合講座叢書3
遺伝と教育を考える

2005年3月31日第1版発行

敦賀短期大学地域交流センター 編

発行所　　敦賀短期大学地域交流センター
　　　　　　　福井県敦賀市木崎78-2-1
　　　　　　　TEL 0770－24－2130(代)
　　　　　　　e-mail : kouryu@tsuruga.ac.jp

印　刷　　株式会社　博研印刷

発売元　　東京都千代田区飯田橋　同 成 社
　　　　　4-4-8 東京中央ビル内
　　　　　TEL03－3239－1467　振替東京00140-0-20618

ISBN4-88621-289-1

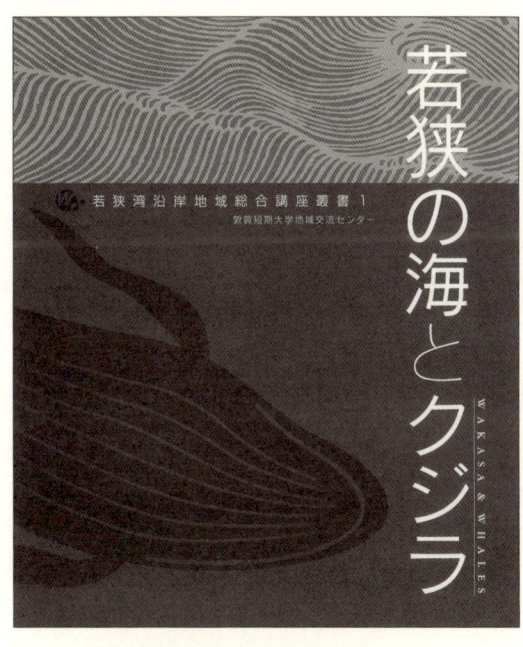

若狭湾沿岸地域総合講座叢書1
若狭の海とクジラ
敦賀短期大学地域交流センター 編
定価(本体500円＋税)
発売元 同成社

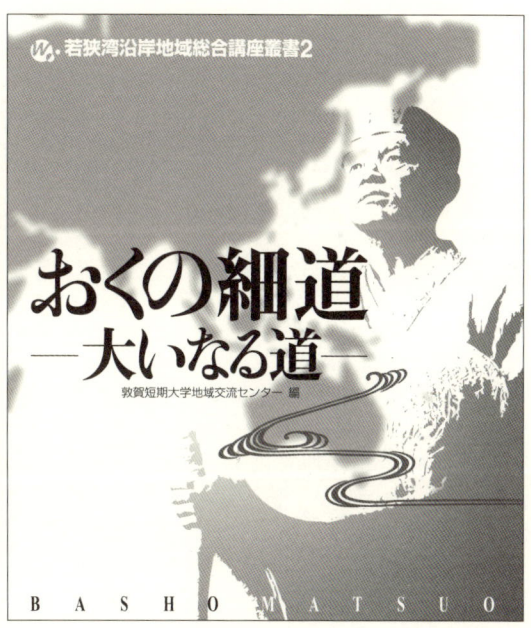

若狭湾沿岸地域総合講座叢書2
おくの細道 ―大いなる道―
敦賀短期大学地域交流センター 編
定価(本体520円＋税)
発売元 同成社